EL TÚ EN MÍ, SIEMPRE...

UN ENFOQUE ROMÁNTICO HACIA TU INTELECTO

PRABHA KARAN

ISBN

Paperback 978-969-659-236-5

Objetivo

¿Alguna vez has mirado a alguien a los ojos y sentido que te entendía por completo? Quizá fue una pareja, un amor platónico, un amigo cercano o incluso un miembro de la familia. En ese instante, la barrera entre tú y esa persona parecía desvanecerse, como si no solo estuvieras conectando con ella, sino reconociéndote en ella.

Esos momentos de profundo reconocimiento pueden sentirse casi místicos. Cuando nos identificamos plenamente con otra persona, llegamos a percibir algo profundo sobre la naturaleza de la existencia. No es casualidad que las experiencias espirituales más intensas se describan con las mismas palabras que el amor: esa sensación de que las fronteras se disuelven, de que dos se convierten en uno.

Sin embargo, las relaciones no siempre son tan perfectas. A veces son confusas, difíciles e incluso dolorosas. Luchamos por entendernos, por mantener la conexión, por encontrar la felicidad duradera juntos. Incluso cuando sentimos algo profundo por alguien, a veces nos sorprende actuar de formas que crean distancia en lugar de acercarnos.

¿Qué pasaría si hubiera una forma de entender estas experiencias: tanto los momentos profundos de conexión como los dolorosos de separación? ¿Y si la misma comprensión que te ayuda a ser un/a mejor compañero/a, amigo/a o familiar pudiera llevarte también a alcanzar un profundo bienestar en tu propia vida?

Eso es lo que este libro quiere ofrecerte. Nos trae sabiduría atemporal sobre la naturaleza de la existencia humana, con lecciones que nos enseñan a encontrar la plenitud en nuestras vidas y en nuestras relaciones con las personas que más queremos. Descubrirás cómo tu intelecto, ese poder extraordinario dentro de ti que nos diferencia de todas las demás formas de vida, puede ayudarte a transformar tus relaciones y, al mismo tiempo, a encontrar una mayor felicidad para ti mismo/a.

Este viaje práctico y profundo explorará ideas que podrían desafiar tu comprensión actual sobre ti mismo/a y tus relaciones. Pero lo haremos paso a paso, utilizando ejemplos y experiencias que seguramente reconocerás de tu propia vida.

Ya sea que busques conexiones más profundas con los demás, un mayor cumplimiento personal, o ambos, este libro te mostrará cómo están estrechamente vinculados, y cómo siempre lo han estado, y siempre lo estarán.

Contenido

Capítulo 01

Tu intelecto

Nacer como ser humano es una oportunidad increíblemente rara y maravillosa. En la Tierra existen miles de millones de seres vivos, desde los mamíferos más grandes hasta los microbios más diminutos. Si añadimos la vida vegetal, el número de organismos se vuelve tan inmenso que ni siquiera puede contarse. Y, sin embargo, dentro de esta inmensidad de vida, solo hay 8.000 millones de seres humanos. Por eso decimos que ser humano es algo extraordinariamente raro.

En esta red infinita de vida, donde cada criatura está conectada con las demás de formas incontables, los humanos ocupamos un lugar único. ¿Qué nos diferencia del resto de los seres vivos? Una cualidad asombrosa: **el intelecto**. Comprender el intelecto es la clave para entender qué nos hace ser quienes somos. Exploremos esta capacidad especial y descubramos cómo moldea no solo nuestra experiencia individual de la vida, sino también nuestra conexión con el vasto universo que nos rodea, desde el infinito cosmos hasta las personas que más queremos.

El intelecto es un mecanismo poderoso dentro de tu personalidad, que se manifiesta en forma de un pensamiento único ***y preciso. A través del intelecto, piensas, razonas, comparas, planteas, deduces, juzgas y tomas decisiones de manera lógica.*** Ninguna otra forma de vida posee este poder. Si esta palabra te resulta familiar, puede que creas que ya sabes lo que significa. En el día a día, «intelecto" suele usarse como sinónimo de inteligencia, mente, genio u otros términos similares. Pero en realidad, su significado es algo muy específico dentro de lo que nos hace humanos. Al mismo tiempo, es algo profundamente hermoso, porque nos ayuda a entender nuestro lugar en el universo.

Podemos entender mejor el intelecto si vemos en qué se distingue de otros términos parecidos:

- **La inteligencia** no es más que un conjunto de datos o información, ya sea de libros, de internet o de nuestra propia memoria. Es simplemente una base de conocimiento de la que una persona puede extraer cuando usa su intelecto.
- **La mente** es el espacio dentro de nosotros donde fluyen todos nuestros pensamientos desordenados, el lugar donde residen nuestros

deseos y emociones, tanto positivas como negativas. El intelecto se encarga de organizar estos pensamientos, deseos y emociones, y de utilizarlos para decidir qué acciones llevar a cabo.

- Llamamos **genio** a alguien que tiene una gran inteligencia y un intelecto fuerte. Es la combinación de ambos lo que realmente lo hace destacar entre los demás.

El intelecto está relacionado con estos otros términos, pero no es lo mismo que ninguno de ellos. Se refiere específicamente a la capacidad humana de pensar, razonar, comparar, plantear, inferir, juzgar y decidir. Entonces, ¿qué es lo que realmente hace el intelecto? ¿Y cómo diferencia a los seres humanos de otras formas de vida? Vamos a explorar esta pregunta y descubrir ese don extraordinario que nos hace únicos como seres humanos.

Probablemente hayas notado que en tu mente suelen surgir muchos pensamientos y sentimientos que parecen fluir libremente, sin un orden específico. ¡Esto es parte de lo que significa ser humano! Aunque a veces pueda parecer algo caótico, si lo comparas con las plantas y los animales, verás que en realidad es mucho más avanzado, complejo y especial.

Vamos a observar las diferencias entre las plantas, los animales y los seres humanos para entender qué es lo que realmente nos hace únicos:

- Las plantas solo tienen cuerpo físico. No hay nada en su interior que las guíe a actuar. Crecen, se reproducen y mueren, y eso es todo.

- Los animales, además de su cuerpo físico, tienen una mente. Gracias a ella pueden moverse y actuar según sus instintos, pero lo hacen sin pensar.
- Solo los seres humanos tienen cuerpo, mente *e* intelecto: el poder único de pensar, razonar y decidir.

Es el intelecto lo que nos hace especiales entre todos los seres vivos. Solo nosotros tenemos la capacidad de centrarnos en un único pensamiento dentro del flujo continuo de ideas en la mente. Este don trae consigo tanto un gran potencial como una gran responsabilidad: la capacidad de no solo moldear nuestras vidas, sino también de entender nuestra conexión con todos los demás seres.

Para ser más específicos, es la interacción entre el intelecto y la mente lo que nos hace únicos. Si no usamos bien nuestro intelecto, no somos muy diferentes de los animales. Esto se debe a que no estamos aprovechando la única característica que nos distingue: la que nos permite contemplar nuestro lugar en la Infinitud de la existencia.

¿Qué significa usar bien el intelecto?

- **En primer lugar, debemos reconocer el intelecto como una capacidad distinta dentro de nosotros.** No basta con dar por hecho que somos capaces de "pensar" y dejarlo ahí. Cuando "pensamos", lo que realmente estamos haciendo es aplicar nuestro intelecto a los pensamientos que fluyen en nuestra mente. La mente y el intelecto son dos partes separadas de nosotros, pero que trabajan juntas en una armonía perfecta.
- **Luego, debemos usar el intelecto para concentrarnos.** *La concentración es la capacidad del intelecto para guiar a la mente y mantenerla enfocada en la actividad presente, sin permitir que se deslice hacia experiencias pasadas o expectativas futuras, con el fin de lograr un*

objetivo claro. La concentración es la clave para usar bien el intelecto y para comprender las verdades más profundas sobre nosotros/as mismos/as, nuestras relaciones y nuestro universo.

Antes de que apliques tu intelecto, los pensamientos en tu mente son solo **deseos y emociones**. Surgen de forma natural e incontrolada, simplemente por el hecho de estar vivos. Tener numerosos anhelos que no podemos satisfacer puede ser frustrante, y sin la guía del intelecto, esos mismos deseos pueden convertirse en una fuente de *infelicidad*. Esta es una de las grandes paradojas de la existencia humana: los pensamientos que pueden conducirnos a la plenitud también pueden alejarnos de ella.

Pero cuando te concentras y aplicas tu intelecto a un deseo, ese deseo se convierte en algo diferente: una **meta**. Una vez que un deseo se transforma en una meta, puedes reflexionar sobre él y perseguirlo de una manera más significativa. ¿Por qué deberíamos preocuparnos por esto? ¡Porque alcanzar metas puede hacernos felices! De hecho, esta transformación—de deseos caóticos a metas enfocadas—es uno de los procesos más maravillosos que podemos experimentar como seres humanos.

Así es como funciona:

Digamos que tienes una cierta cantidad de deseos no cumplidos en tu mente. Estás acostumbrado/a, o has sido condicionado/a, a que estos deseos permanezcan insatisfechos, y aunque sigan sin cumplirse, te sientes en paz con ellos.

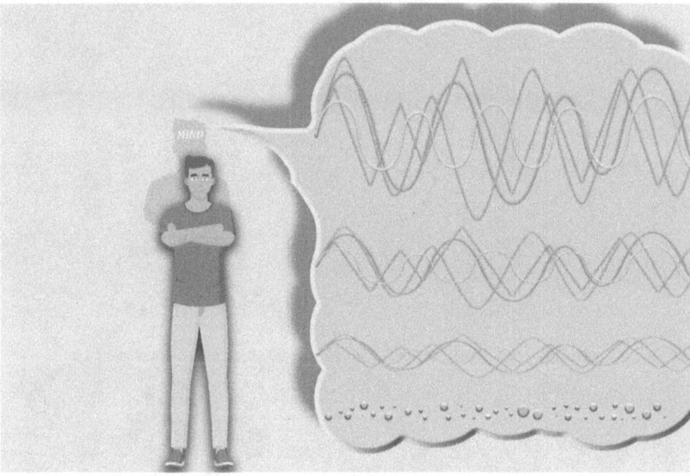

Ahora digamos que se añade un nuevo deseo. Este nuevo deseo no cumplido altera la paz de tu mente, haciéndote sentir inquieto.

Afortunadamente, tienes un intelecto fuerte. Eres capaz de usarlo para enfocarte en este nuevo deseo y convertirlo en una meta. Al seguir concentrándote, finalmente logras cumplir esta meta. Entonces, una sensación de felicidad te invade al liberar este deseo no cumplido.

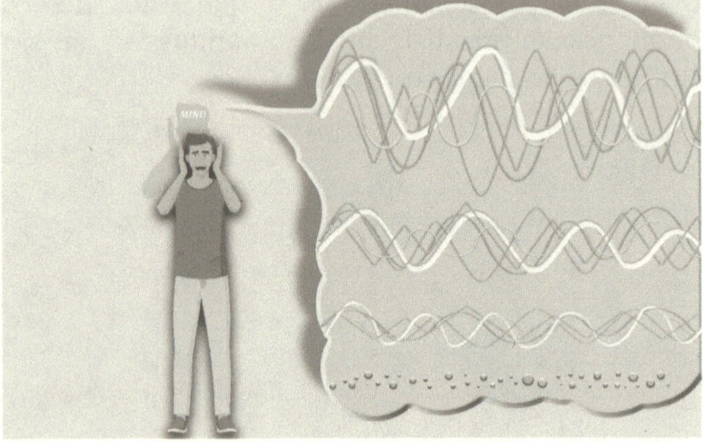

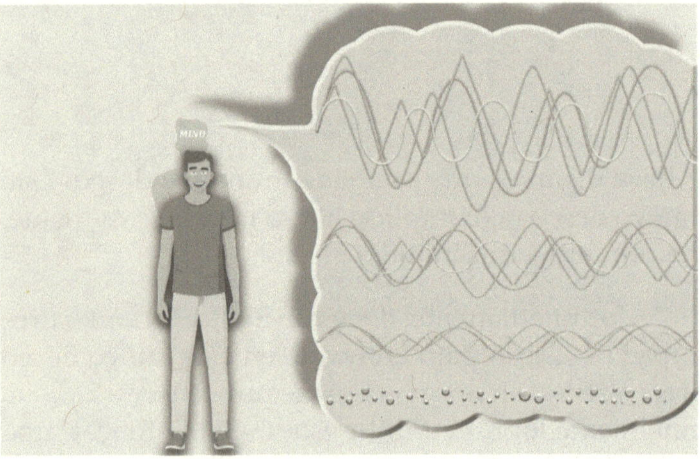

Cuando alcanzas tus metas, experimentas felicidad al reducir tu agitación. ¡Y la única forma de lograr tus metas es usando tu intelecto! Por eso es tan importante entender que tu intelecto y tu mente son dos cosas diferentes, y que deben trabajar juntas en armonía para que puedas ser feliz. Esta armonía no solo es hermosa por sí misma, sino que también refleja la armonía mayor que existe en todo el universo.

Recuerda la diferencia específica entre ellos:

- Tu **intelecto** es el poder dentro de ti que te permite pensar, razonar y tomar decisiones.
- Tu **mente** es un conjunto de deseos no cumplidos y emociones. Aquí aparecen constantemente nuevos deseos, y depende del intelecto cumplirlos.

Estas dos cualidades forman parte de algo aún más extraordinario: **nuestra personalidad interior**. Es la esencia que hay en cada uno de nosotros y que guía nuestra vida a través de los pensamientos. Cada parte de esta personalidad tiene un papel distinto e interactúa con los pensamientos de manera única. Juntas, crean una armonía compleja que nos define como individuos.

Además de la mente y el intelecto, la personalidad interior tiene otras dos partes. Aquí las mencionaremos brevemente para que las conozcas, pero más adelante las exploraremos en profundidad mientras desentrañamos la fascinante complejidad de la Conciencia humana.

- **La memoria** es la parte de la personalidad interior que guarda todas tus experiencias pasadas en forma de pensamientos.
- **El ego** es la parte que te hace sentir como un solo ser y define tu identidad.

Estas dos partes, junto con la mente y el intelecto, conforman la personalidad interior. Cada una desempeña un papel único y esencial en lo que te hace ser quien eres. Así como cada estrella en el cielo tiene su lugar especial en el cosmos, cada uno de estos componentes cumple una función vital. A lo largo de este libro, exploraremos en más detalle el papel de cada uno.

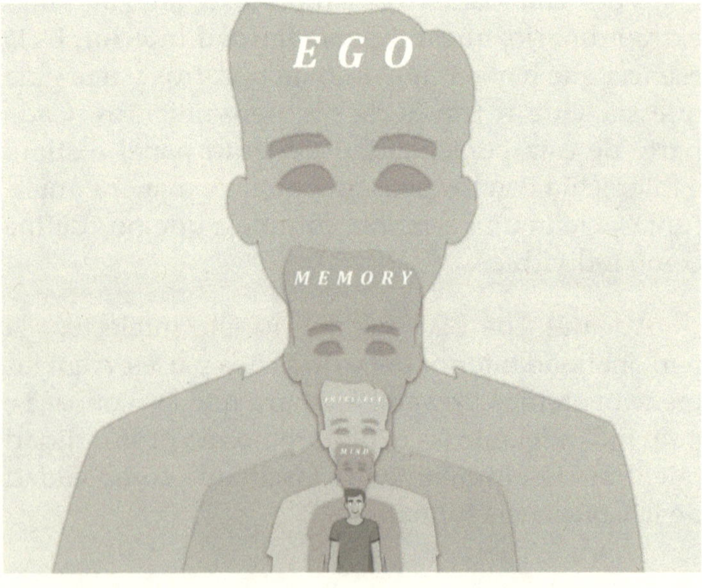

Es posible que encuentres personas que crean innecesario distinguir entre estas partes o que nieguen su importancia. Para ellas, un pensamiento es simplemente un pensamiento, y eso es todo lo que necesitan saber. Desde su perspectiva, la mente, el intelecto, la memoria y el ego son lo mismo, y no hay nada que ganar al estudiarlos más a fondo.

Alguien con esta visión puede tener la suerte de contar con un intelecto lo suficientemente desarrollado como para llevar una vida aceptable. Sin embargo, siempre habrá un límite en la fortaleza de su intelecto y, por ende, en el grado de felicidad y plenitud que podrá alcanzar. Esto se debe a que no comprenden la hermosa relación entre el intelecto, la mente y las demás partes que conforman nuestra identidad. Es como poseer un mapa de un tesoro inmenso, pero nunca aprender a leerlo.

Para vivir una vida verdaderamente plena y satisfactoria, es fundamental reconocer el papel del intelecto y saber cómo usarlo. Todas las ideas que exploraremos en este libro están conectadas con la maravilla del intelecto y dependen de tu capacidad para desarrollarlo y aprovecharlo. Al fortalecer tu intelecto, comienzas un viaje extraordinario—uno que no solo puede llevarte a la realización personal, sino también a una conexión más profunda con el universo mismo.

Cuando piensas en la realización personal, ¿qué ideas vienen a tu mente? En el próximo capítulo, exploraremos este concepto a través de los diferentes tipos de metas que los seres humanos pueden proponerse. Al hacerlo, veremos cómo estos objetivos pueden contribuir no solo a tu felicidad, sino también a tu comprensión de tu lugar en el inmenso tejido de la existencia.

Capítulo 2

Metas Humanas

A pesar de nuestras diferencias con las plantas y los animales, hay varias cosas que compartimos con ellos. Estas son nuestras necesidades fundamentales: comer, descansar, reproducirnos y protegernos del peligro. En lo que respecta a estas cuatro necesidades básicas, los humanos somos como cualquier otro ser vivo en la Tierra, todos unidos por estas necesidades comunes de la vida.

Lo que nos distingue de otras formas de vida es la manera en que satisfacemos nuestras necesidades. Debido a que los humanos podemos crear metas, somos capaces de planificar para el futuro. Esto significa que podemos tomar acciones deliberadas que nos ayuden a satisfacer nuestras necesidades. Esta extraordinaria capacidad de transformar nuestras necesidades en metas es uno de los aspectos más hermosos de ser humano.

Como vimos en el capítulo anterior, **el intelecto es lo que nos permite establecer metas**. Por eso es tan importante usar el intelecto de manera adecuada. No solo te ayudará a satisfacer tus necesidades básicas, sino que también puede ayudarte a vivir una vida feliz y plena, e incluso a entender verdades más profundas sobre tu lugar en el universo.

En el capítulo anterior también señalamos cómo nuestros deseos fluyen libremente en nuestras mentes antes de convertirse en metas. Sin embargo, cuando los deseos se transforman en metas, siempre caen en una de tres categorías básicas. Ahora exploraremos cada una de estas categorías y veremos cómo se relacionan con tu viaje a través de la vida.

La primera categoría incluye las metas de seguridad y supervivencia. Estas metas tienen que ver con satisfacer las necesidades básicas de la vida. Existen cuatro tipos de necesidades básicas:

- Comida
- Ropa
- Vivienda
- Salud

Las diferentes personas pueden tener requisitos distintos. Por ejemplo, una persona más adinerada puede necesitar más comida y ropa más fina para sentir que sus necesidades están cubiertas, mientras que una persona con menos recursos puede estar satisfecha con solo lo básico en cuanto a comida y ropa. A pesar de esto, estas metas de seguridad son las necesidades fundamentales de todas las personas, lo que nos conecta en nuestra experiencia humana compartida.

Cuando formamos vínculos profundos con otros—ya sea con la familia, amigos o parejas—frecuentemente descubrimos que estas necesidades básicas se hacen más fáciles de satisfacer. No solo las relaciones de apoyo pueden brindar ayuda práctica, sino que la seguridad emocional de comprender y ser comprendido por otra persona aporta paz a nuestra mente, ayudándonos a estar mejor preparados para enfrentar los desafíos de la vida. Esto refleja uno de los aspectos más hermosos de la conexión humana: nuestra capacidad de ayudarnos mutuamente a sentirnos seguros, tanto física como emocionalmente.

La segunda categoría incluye las metas de comodidad, lujo y entretenimiento. Estas metas tienen que ver con satisfacer los deseos que los humanos anhelan más allá de las necesidades básicas de la vida. Estas metas pueden incluir cosas como:

- Comodidad adicional, como viajar en primera clase
- Posesiones lujosas, como joyas o autos de lujo
- Recreación, como viajes a lugares lejanos

Estas metas de comodidad solo pueden buscarse una vez que las metas de seguridad están en su mayoría o completamente alcanzadas. Esto significa que suelen estar al alcance de aquellas personas que se encuentran en una posición más acomodada en la sociedad. Sin embargo, incluso estas metas de comodidad apuntan a algo más profundo: un deseo humano que va más allá de la simple supervivencia. Y cuando se comparten con quienes más queremos, estas comodidades adquieren un nuevo significado; un viaje se convierte en algo más que un simple desplazamiento cuando lo vivimos con alguien que nos permite ver el mundo desde una perspectiva renovada.

Por lo tanto, aunque estos lujos adicionales superan lo estrictamente necesario para sobrevivir, pueden realmente conducir a la felicidad y la realización, especialmente cuando se comparten con las personas que amamos.

La tercera categoría incluye las metas de riqueza invisible. ¿Qué significa esto? La riqueza invisible se refiere a aquello que contribuye a eventos positivos e inesperados en tu vida. Esto puede ser algo como nacer en una buena familia o ganar la lotería. No haces nada para provocar estos eventos, pero, aun así, ocurren.

Ahora, quizás te estés preguntando, si no puedes controlar estos eventos, ¿cómo puede esto ser una meta? La respuesta es que no puedes controlarlos en esta vida. Pero tu riqueza invisible en *esta vida* es el resultado de las acciones tomadas en vidas pasadas. Esto significa que en esta vida puedes establecer metas que contribuirán a tu riqueza invisible en vidas futuras.

La profundidad de tus relaciones y cómo tratas a quienes te rodean puede jugar un papel importante aquí, aunque exploraremos esta fascinante conexión con más detalle en capítulos posteriores, cuando hablemos más sobre las vidas pasadas y futuras. Por ahora, aquí tienes una breve descripción de lo que esto significa en el contexto de la riqueza invisible:

- Cuando una persona muere, su cuerpo físico se descompone y regresa a la Tierra. De esta manera, su cuerpo no desaparece realmente; en cambio, se conserva y se transforma.
- De la misma manera, los pensamientos que existen en tu personalidad interior no se destruyen con la muerte. Se conservan y se transforman, y volverán como una nueva personalidad interior en otra vida.
- Esto significa que los efectos de las metas que estableces y logras en una vida se transfieren a la siguiente.

Al cometer buenas acciones en una vida, puedes acumular riqueza invisible para las vidas futuras. Así que, mientras que las metas de seguridad y comodidad tienen resultados en esta vida, las metas de riqueza invisible tendrán resultados en la próxima vida. De esta manera, tus acciones van más allá de tu existencia inmediata, tocando vidas que tal vez nunca conocerás.

Estas son las tres principales categorías de metas humanas: seguridad, comodidad y riqueza invisible.

Desafortunadamente, la vida no es tan simple como establecer metas, alcanzarlas y ser feliz. ¿Por qué no? Porque **cada una de estas metas tiene fallas inherentes que generan cierto grado de infelicidad**.

- **El primer defecto es el dolor y el sufrimiento que implica perseguir tus metas.** Incluso si te hace feliz alcanzar un objetivo, siempre hay algo de infelicidad involucrado en el dolor y el sufrimiento que conlleva el esfuerzo de conseguirlo. En pocas palabras, lograr metas requiere trabajo, ¡y el trabajo no siempre es agradable!
- **El segundo defecto es la insatisfacción que sientes cuando alcanzas tus metas.** Cuando logras un objetivo, te sientes feliz, pero siempre hay otro objetivo no cumplido que podrías alcanzar y que te haría aún más feliz. Así que experimentarás algo de insatisfacción, porque siempre podrías sentirte un poco más feliz de lo que eres en este momento.

- **El tercer defecto es el sentimiento de apego que experimentas al alcanzar tus metas.** Imagina que te gustara alguien y establecieras la meta de ganar su afecto. Luego, imagina que logras tu objetivo y comienzas a salir con esa persona. ¡Seguramente sentirás algo de felicidad al alcanzar tu meta! Pero también comenzarás a experimentar nuevos miedos, como el miedo de perder a esa persona de tu vida. Este miedo proviene de aferrarte a tu pareja como fuente de felicidad. Por eso, el apego es otra de las principales causas de infelicidad que acompañan el logro de tus metas.

Más adelante en este libro, exploraremos maneras de vivir que pueden ayudarte a reducir la infelicidad que puedas sentir al alcanzar tus metas. Estos enfoques te ayudarán a vivir una vida más feliz y plena, en armonía con la verdadera naturaleza de la existencia.

Además de estas tres categorías principales de metas, también existe un cuarto tipo de meta, que es bastante raro. **Este cuarto objetivo se conoce bajo diversas terminologías, como Liberación, Salvación, Autorrealización o Captura de la Infinitud:** un estado de felicidad infinita que se manifiesta cuando te conviertes en uno con los más profundos secretos de la existencia. Aunque vale la pena saber que este objetivo existe, realmente no es necesario preocuparse por él en este momento.

Es muy raro que los humanos siquiera establezcan, y mucho menos logren, este objetivo. Como hemos visto, los objetivos no cumplidos pueden causar agitación e infelicidad. Dado que es tan raro alcanzar este objetivo, es más probable que cause infelicidad que felicidad. Así que, aunque mencionaremos este objetivo de vez en cuando en este libro, es mejor no preocuparse por él. Solo sabe que existe, pero enfócate en las otras tres categorías de metas, que tienen muchas más probabilidades de aumentar tu sentido de felicidad y realización en esta vida.

Ahora volvamos brevemente al intelecto. Sabemos que el intelecto es el encargado de ayudarnos a establecer metas. **Para utilizarlo de manera efectiva, debemos entender cómo se relaciona con los demás aspectos de lo que somos**. En el próximo capítulo, exploraremos la asombrosa complejidad de la naturaleza humana, lo que te permitirá tener una mejor comprensión de cómo el intelecto encaja en el panorama general de lo que te hace ser *quien eres*.

Capítulo 03:

Composición No Anatómica

Ya hemos visto lo importante que es reconocer la relación entre el intelecto y la mente. Solo entender esta hermosa interacción te ayudará a establecer metas y vivir una vida mejor.

Tu capacidad para hacer estas cosas se profundizará aún más si comprendes cómo el intelecto se integra con todas las demás partes de lo que te hace ser quien eres. Con eso en mente, este capítulo explorará toda la composición humana en detalle, revelando la intrincada armonía de los elementos que hace posible la existencia humana.

Los humanos estamos compuestos por once factores principales, cada uno de los cuales se clasifica en una de tres categorías. Estas categorías son:

- **Cuerpos.** Todo ser humano tiene tres cuerpos.
- **Capas de personalidad.** Todo ser humano tiene cinco capas de personalidad.

- **Estados de experiencia.** Todo ser humano alterna entre tres estados de experiencia.

Al final de este capítulo, habremos explorado cada una de estas categorías y factores en profundidad. Comencemos ahora con la primera categoría: los cuerpos.

Los Cuerpos

Cada persona (¡incluyéndote a ti!) tiene tres tipos diferentes de cuerpo. Son: **el cuerpo grueso**, que es el cuerpo físico; **el cuerpo sutil**, que contiene la personalidad interior, junto con algunos otros componentes; y el **cuerpo causal**, un concepto nuevo que descubriremos pronto.

A medida que exploramos estos cuerpos, utilizaremos el mismo método para explorar cada uno:

- Primero, examinaremos **los materiales básicos** del cuerpo, los componentes fundamentales que lo conforman.
- Segundo, observaremos **los componentes** del cuerpo. Estos son las estructuras más grandes que existen dentro de cada cuerpo.
- Tercero, analizaremos **las funciones** de cada cuerpo. Las funciones son las acciones que el cuerpo lleva a cabo.
- Cuarto, exploraremos **la naturaleza** de cada

cuerpo. La naturaleza de un cuerpo se refiere a cómo es, las características únicas que lo definen.

Ahora, comencemos con el cuerpo grueso, el aspecto más visible de nuestra existencia.

El Cuerpo Grueso

Aunque el término "*grueso*" a menudo significa "repugnante" o "ofensivo", aquí tiene un significado muy diferente. En lugar de referirse a algo indeseable, en este contexto simplemente significa "tangible" o "físicamente evidente". La importancia de esto se aclarará en un momento.

El material básico del cuerpo grueso es la materia gruesa. La materia gruesa se refiere a todo lo que puedes ver y tocar: las cosas tangibles y físicas que componen nuestro mundo.

El cuerpo grueso está compuesto por una combinación de los cinco estados fundamentales de la materia gruesa, que son:

- El estado gaseoso, que también se conoce como aire.
- El estado líquido, que también se conoce como agua.
- El estado sólido, que también se conoce como tierra.
- El estado plasmático, que también se conoce como fuego.

- El 'Espacio', el quinto estado fundamental de la materia, comprobado por la ciencia.

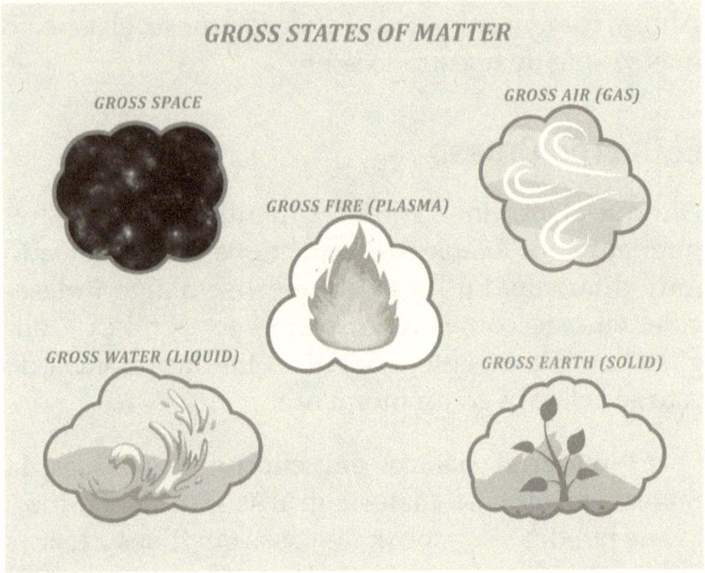

Estos cinco estados se combinan de innumerables maneras para crear cada aspecto de nuestra forma física, de manera similar a cómo los diversos aspectos de nuestras relaciones—pensamientos, sentimientos y acciones—se combinan para crear algo más grande que sus partes individuales. Sus combinaciones constituyen todos **los componentes** del cuerpo físico. Aunque el cuerpo grueso contiene muchos componentes, hay tres categorías principales de estos:

- Órganos **de percepción.** Estos son los ojos (vista), los oídos (oído), la piel (tacto), la lengua (gusto) y la nariz (olfato).
- Órganos **de acción.** Estos son la boca (habla), las manos (manipulación), las piernas (locomoción), los órganos excretores (excreción) y los órganos reproductores (reproducción).
- Órganos **involuntarios.** Estos son los órganos que sustentan la vida sin nuestra intervención, como los pulmones, el corazón, el tracto digestivo, entre otros.

Estos componentes permiten que el cuerpo grueso cumpla su función. En términos simples, **la función del cuerpo grueso es permitirnos realizar acciones y experimentar sus consecuencias.**

Ahora, ¿qué hay de su naturaleza? Hay cuatro aspectos de la naturaleza del cuerpo grueso, cada uno reflejando una verdad profunda sobre nuestra existencia física:

- **Cambio cíclico.** El cuerpo atraviesa un ciclo de cambios, comenzando con el nacimiento, pasando por la madurez y la vejez, hasta llegar a la muerte. Después de la muerte, la materia gruesa del cuerpo regresa a la Tierra, dando paso a nueva vida. Por lo tanto, los cambios son cíclicos.

- **Cambio continuo.** Los cambios dentro de ese ciclo fluyen de manera suave y continua, de uno a otro. El cuerpo grueso está en constante transformación y movimiento.
- **Duración finita.** La esperanza de vida humana promedio es de aproximadamente setenta y dos años. Algunas personas vivirán más tiempo, otras menos, pero todas tienen una vida finita.
- **Tangibilidad y perceptibilidad.** Debido a que está compuesto de materia gruesa, el cuerpo grueso es perceptible tanto para uno mismo como para los demás.

Hemos hablado del cuerpo grueso. Ahora, pasemos a algo más misterioso: el cuerpo sutil.

El Cuerpo Sutil

Seguramente te preguntas qué significa la palabra *"sutil"* en este contexto. Antes de adentrarnos en esta sección, exploremos esa cuestión.

La sutileza se refiere a la relación entre dos cosas diferentes. **Algo es más sutil que otra cosa cuando la controla *y*, al mismo tiempo, la impregna tanto dentro como más allá de ella.** Así como una comprensión más profunda en una relación surge al mirar más allá de las interacciones superficiales, el cuerpo sutil opera en un nivel más profundo que el cuerpo grueso.

With that said, we are ready to begin our exploration of the subtle body, starting with its raw materials.

Verás que las palabras *"grueso"* y *"sutil"* se utilizan para describir diferentes cosas a lo largo de este libro. Cuando las encuentres, recuerda su significado: algo que *controla e impregna dentro* y más allá de otra cosa.

Dicho esto, estamos listos para comenzar nuestra exploración del cuerpo sutil, empezando por sus materiales básicos.

Así como el cuerpo grueso está hecho de materia gruesa, **el cuerpo sutil está hecho de materia sutil.** Este es su material base. ¿Y qué es la materia sutil? **Es una combinación de estados puros de la materia.** Esta idea puede ser un poco difícil de comprender, pero aquí tienes cómo funciona:

- Ningún estado de materia gruesa puede ser realmente puro, porque siempre contiene cierta cantidad de otros estados de materia gruesa. Incluso el agua "más pura" tendrá aire atrapado, minerales en trazas, una temperatura y ocupará espacio.
- **Los estados puros de la materia, entonces, solo pueden existir en forma de pensamientos.** Solo en los pensamientos se pueden excluir todos los demás estados de la materia, dejando únicamente un estado puro.
- En forma de pensamientos, los estados puros de la materia pueden combinarse y, aun así, seguir siendo puros. Estas combinaciones se conocen como materia sutil y son la base de nuestros pensamientos complejos.

Por lo tanto, todo el Amor que tienes en este momento, en el presente (vida), todo el Amor que tuviste en el pasado (vidas) y todo el Amor que tendrás en el futuro (vidas), es equivalente a materia pura. ¡TUS PENSAMIENTOS ESTÁN HECHOS DE MATERIA!

En resumen, las combinaciones de estados puros de materia forman la materia sutil, y la materia sutil conforma los pensamientos. Así que, cuando nos referimos a la materia sutil como la materia prima del cuerpo sutil, nos estamos refiriendo a esto.

Pasemos ahora a hablar sobre los diversos *componentes* del cuerpo sutil. Hay veinte en total, distribuidos equitativamente en cuatro categorías diferentes. Dado que son muchos, mencionaremos las funciones de estos componentes a medida que los presentemos. También avanzaremos más rápido por las tres primeras categorías y dedicaremos más tiempo a la última.

Las tres primeras categorías del cuerpo sutil son las siguientes:.

- **Los cinco centros de poder de la percepción** nos otorgan la capacidad de registrar información sensorial del mundo exterior. **El ojo sutil** nos da el poder de la vista; **el oído sutil**, el poder de la audición; **la piel sutil**, el poder del tacto; **la lengua sutil**, el poder del gusto; y **la nariz sutil**, el poder del olfato.
    - Observa la relación entre estos componentes y sus contrapartes físicas. El ojo físico ve; el ojo sutil *permite* el poder de la vista.

  - o La función de estos componentes es actuar como un intermediario entre los órganos físicos de percepción y la mente, donde se reúnen nuestros pensamientos.

- **Los cinco centros de poder de acción** nos otorgan la capacidad de manifestar nuestras decisiones como acciones en el mundo. Estos son los centros de poder del **habla, la manipulación, la locomoción, la excreción** y **la reproducción**.

  - o Una vez más, estos centros de poder no *realizan* estas acciones directamente; en su lugar, permiten que los órganos físicos correspondientes las lleven a cabo.

  - o La función de estos componentes es actuar como un intermediario entre la mente, donde el intelecto toma decisiones, y los órganos físicos que ejecutan las acciones correspondientes.

- **Los cinco centros de poder de la función corporal** nos otorgan la capacidad de sustentar automáticamente una vida saludable. Estos son los centros de poder de **la respiración, la digestión, la circulación sanguínea, el filtrado de desechos** y **la reversión** (por ejemplo, el vómito, los estornudos, el lagrimeo, etc.).

  - o La función de estos componentes es asegurar que todo el cuerpo físico se mantenga saludable para que el cuerpo sutil pueda seguir funcionando.

Los últimos cinco componentes conforman lo que ya hemos llamado la personalidad interior. Ya hemos nombrado cuatro de ellos: la mente, el intelecto, la memoria y el ego. ¿Qué pasa con el quinto componente? La verdad es que el intelecto en realidad consta de dos partes: un intelecto grueso y un intelecto sutil.

El intelecto sutil está involucrado en cuestiones relacionadas con la fusión con el universo. El intelecto grueso está involucrado en todo lo demás. Dado que este libro se ocupa principalmente de ayudarte a vivir una vida feliz y plena, continuaremos refiriéndonos al *intelecto* como tal, aunque específicamente nos referimos al *intelecto* grueso.

Aunque ya hemos tocado brevemente las funciones de estos componentes, profundicemos más en ellas ahora, porque es importante comprenderlas.

- **La mente** es donde se agrupan nuestros pensamientos fluidos: tanto los pensamientos cotidianos que nos ayudan a navegar por el mundo como los sentimientos más profundos que surgen de nuestras conexiones con los demás. Es el lugar donde experimentamos por primera vez la alegría de la amistad, la calidez del amor y, sí, a veces también el desafío de las emociones difíciles. El intelecto ejerce su poder aquí, ayudándonos a comprender y trabajar con esos pensamientos y sentimientos. Piensa en la mente como un jardín donde crecen muchas plantas diferentes: algunas que cultivamos intencionadamente, otras que brotaron por sí solas. Cada jardín necesita tanto crecimiento natural como un cuidado atento. **La función de la mente es servir de puente entre los quince centros de poder y la acción decisiva del intelecto, creando una alianza armoniosa que nos permite crecer y prosperar.**

- **El intelecto** no es solo una fuerza fría y analítica; es el poder que nos ayuda a entender nuestros pensamientos y sentimientos lo suficientemente profundamente como para actuar sobre ellos de manera sabia. Cuando sentimos emociones intensas por alguien a quien queremos, el intelecto nos ayuda a responder de formas que nutren la relación en lugar de dañarla. **Su función es trabajar con la mente para convertir los pensamientos en acciones decisivas que sirvan a nuestro crecimiento y profundicen nuestras conexiones.**
- **La memoria** es el lugar donde se registran y almacenan todas nuestras experiencias. Todas las percepciones, todas las acciones, todos los pensamientos y sentimientos, todo, desde esta vida y las pasadas, se guarda aquí. **Su función es**

dar forma a nuestros cuerpos grosos y sutiles, tanto cuando nacemos como a lo largo de toda la vida.

- **El ego** es un tren de pensamientos específico que reconoce el cuerpo grosso y sutil actual como uno mismo. Esta es una declaración simple y factual de la relación entre esos dos aspectos. **La función del ego es proporcionar un punto de referencia constante a medida que una persona avanza por la vida; nos ayuda a mantener el seguimiento de quiénes somos.**

Ahora, en cuanto a la naturaleza del cuerpo sutil, hay tres aspectos principales, cada uno de los cuales revela algo profundo sobre nuestra existencia interior:

- **Cambio constante.** Así como las relaciones crecen y evolucionan con el tiempo, nuevos pensamientos y deseos surgen constantemente en la mente y moldean el carácter de nuestros cuerpos sutiles. Si el intelecto es fuerte y trabaja en armonía con la mente, juntos pueden dirigir estos pensamientos hacia acciones positivas; si esta asociación es débil, podemos actuar según caprichos momentáneos. En cualquier caso, el cambio es constante en el cuerpo sutil.
- **Longevidad finita.** Al igual que el cuerpo físico, el cuerpo sutil tiene una vida útil finita. Pero es mucho más larga. Cuando un cuerpo físico

muere, el cuerpo sutil se reencarna en un nuevo cuerpo físico. Pero cuando el universo llega a su fin, ya sea en un Gran Desgarro o en una Gran Implosión, el cuerpo sutil también llega a su fin. Así que la duración del cuerpo sutil es la duración del universo. (Discutiremos el universo con más detalle en el capítulo sobre la Creación.)

- **Perceptibilidad.** Recordemos que la naturaleza del cuerpo físico es que es perceptible tanto para nosotros mismos como para los demás. El cuerpo sutil también es perceptible, pero solo en cierto grado. El cuerpo sutil de cada persona es perceptible solo para sí misma. No es perceptible para otras personas. Esta es la tercera naturaleza del cuerpo sutil.

Con eso, nuestra exploración del cuerpo sutil está completa, y estamos listos para descubrir algo aún más esquivo y asombroso: el cuerpo causal.

El Cuerpo Causal

Para entender el cuerpo causal, primero necesitamos discutir brevemente qué significa la causalidad. En general, la causalidad se refiere a la relación entre causa y efecto. Sonríes a alguien, y esa persona sonríe de vuelta; derramas un vaso de agua, y éste cae de la mesa y se derrama en el suelo.

En el contexto de este libro, **la causalidad se refiere específicamente al estado que existe *antes y después* de la existencia del universo.**

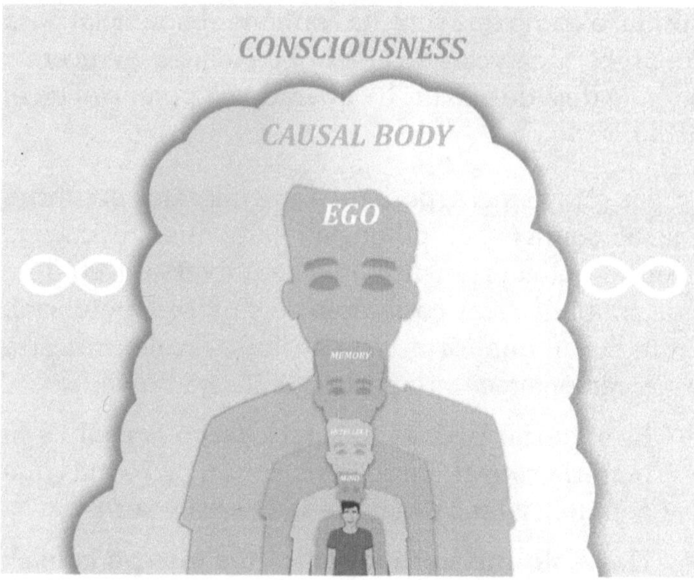

El universo tal como lo conocemos está lleno de materia gruesa y sutil. Surgió durante el Big Bang, y algún día, en un futuro lejano, llegará a su fin durante un Big Crunch o Big Rip. Pero es importante notar que este "fin" no significa que todo en el universo será destruido. Simplemente se transformará a otro estado, hasta que, en algún momento, se transforme nuevamente y dé paso a un nuevo Big Bang y a un nuevo universo.

El período entre el final de un universo y el comienzo del siguiente puede denominarse el universo causal. El **universo causal** contiene todo el potencial para el próximo universo, de manera similar a como una semilla contiene el potencial para un árbol. Una vez que el árbol comienza a crecer, la semilla deja de existir; ha liberado su potencial en el árbol.

De esta manera, podemos entender que el cuerpo causal contiene el potencial para nuestro cuerpo grueso y el cuerpo sutil en este universo. Debido a que contiene estas cosas solo en su forma potencial, en lugar de una forma con atributos reales, nuestra exploración en cuatro partes de él será breve.

- **El material primordial del cuerpo causal es la materia causal.** La materia causal no es más que el potencial para la materia gruesa y sutil.
- **Hay solo dos componentes del cuerpo causal:** las formas semilla de los cuerpos grueso y sutil.
- **La función del cuerpo causal es servir como un lugar de descanso para los cuerpos grueso y sutil en el período entre universos.**
- **La naturaleza** del cuerpo causal es triple:
    - **Cambio cíclico.** El cuerpo causal es un eslabón en la cadena de creación y destrucción de los otros dos cuerpos.
    - **Longevidad infinita.** Mientras que los cuerpos grueso y sutil son destruidos periódicamente, el cuerpo causal es eterno. No hay fin en su duración; solo una interrupción periódica.

- **Imperceptibilidad.** A diferencia de los otros dos cuerpos, el cuerpo causal es completamente imperceptible, incluso para uno mismo.

Estos tres cuerpos conforman los primeros tres factores de la composición humana: el cuerpo grueso, que recibe información sensorial y realiza acciones; el cuerpo sutil, que recibe información externa y decide qué hacer con ella; y el cuerpo causal, que contiene el potencial de los otros dos cuerpos en el intervalo entre universos.

Ahora pasemos a explorar los otros factores de la composición humana, comenzando con las capas de la personalidad.

Las Capas de la Personalidad

Los siguientes factores en la composición humana son las cinco capas de la personalidad. **Estas capas son responsables de crear el poder para que los cuerpos hagan lo que hacen;** permiten que los componentes de los tres cuerpos desempeñen sus funciones y cumplan con sus naturalezas. Una capa corresponde al cuerpo grueso, tres corresponden al cuerpo sutil, y una corresponde al cuerpo causal, sumando un total de cinco capas.

- **La Capa de la Alimentación**: La capa de la personalidad que corresponde al cuerpo grueso se conoce como **la capa de la alimentación**. Esta capa contiene el poder del cuerpo para crecer y decaer. Su nombre proviene del hecho de que el ciclo de crecimiento y decadencia es impulsado por los alimentos.

¿Qué significa eso? Significa que, incluso antes de nacer, los alimentos que tus padres consumieron se convirtieron en el material biológico que luego te formaría. Luego, una vez que naciste, todo el crecimiento que has experimentado en la vida provino de los alimentos que has comido. Y un día, cuando mueras, tu cuerpo grueso se convertirá en alimento para los microbios. Ellos transformarán tu cuerpo de nuevo en material orgánico crudo que eventualmente creará más alimento, y el ciclo comenzará nuevamente. La capa de la alimentación de la personalidad contiene el poder para que el cuerpo grueso crezca y decaiga de esta manera.

Ahora, hablemos de las tres capas que están conectadas con el cuerpo sutil. Son:

- **La capa de la energía vital**: Esta capa corresponde a los cinco centros de poder de acción y los cinco centros de poder de la función corporal. Contiene el poder para que el cuerpo descomponga los alimentos que ingiere, los convierta en energía y use esa energía para realizar acciones. Esta energía también alimenta la actividad de las dos capas siguientes. Puedes verla como un puente entre el cuerpo grueso y las dos capas siguientes, a saber, la capa mental y la capa intelectual.
- **La capa mental**: Esta capa corresponde a los cinco centros de poder de percepción, junto con la mente, la memoria y el ego. Contiene el poder para recibir información, generar nuevos deseos y comandar a la capa de energía vital para que realice acciones.
    - Nuevos deseos se generan constantemente aquí. Esto se debe a que nueva información fluye continuamente hacia

la capa mental. La información sobre el mundo exterior llega a través de los centros de poder de percepción, mientras que también fluye información interna desde la memoria y el ego.

- o Es importante notar que **la mente constantemente dirige a la capa de energía vital para que realice acciones**. Esto ocurre, ya sea que el intelecto esté o no involucrado en convertir esas acciones en metas. El poder de la capa mental hace que la mente dirija a la capa de energía vital para que actúe.

- **La capa intelectual**: Esta capa corresponde a los cinco centros de poder de percepción, junto con el intelecto, la memoria y el ego. Contiene el poder del conocimiento, lo que significa examinar la información, decidir qué hacer con ella y dirigir a la mente sobre cómo comportarse.

  - o Esta capa te ayuda a establecer metas y aumentar tu felicidad de dos maneras. Primero, te permite fijar y alcanzar metas, lo cual puede hacerte más feliz. Segundo, te permite descartar deseos innecesarios, lo que te ayuda a evitar la infelicidad.

  - o ¿Cómo es posible que varios de estos componentes también pertenezcan a la capa mental? Es porque tanto el intelecto como la mente interactúan con los pensamientos y los deseos. Con un intelecto más débil, los pensamientos fluyen de manera indiscriminada en la mente; con un intelecto más fuerte, los flujos de pensamientos en la mente se controlan y regulan.

Para poner en perspectiva las tres capas del cuerpo sutil, la capa intelectual *sabe,* la capa mental *desea,* y la capa de energía vital *actúa* para cumplir esos deseos.

La capa de la bienaventuranza: La quinta capa de la personalidad se conoce como **la capa de la bienaventuranza**, y está asociada con el cuerpo causal. Esta capa tiene el poder de suprimir la actividad de las otras cuatro capas. Este es el poder que se afirma durante el período entre universos, cuando el cuerpo causal contiene el potencial para los cuerpos grueso y sutil. En esta vida, también se asocia con el estado de sueño profundo—uno de los tres estados de experiencia, los cuales exploraremos ahora.

Los Estados de la Experiencia

Los tres últimos factores de la composición humana son los tres estados de experiencia. Son: **el estado de vigilia, el estado de sueño** y **el estado de sueño**

profundo. A lo largo de toda tu vida, siempre estarás en uno de estos tres estados.

A medida que exploramos estos estados, utilizaremos este método para explorar cada uno:

- Primero, observaremos **el estado del cuerpo sutil**: ¿cuál es la condición de la mente, el intelecto, la memoria y el ego durante este estado?
- Segundo, analizaremos **la naturaleza del estado**: ¿cómo es la experiencia, qué se "siente"?
- Tercero, examinaremos **el medio predominante de cada estado**: ¿qué aspecto del cuerpo es más predominante durante este estado?

Comencemos con el primer estado: el estado de vigilia.

- Durante el estado de vigilia, **el cuerpo sutil está completamente funcional**. Está totalmente disponible para recopilar nuevas experiencias, generar nuevos deseos, obtener nuevo conocimiento y dirigir al cuerpo a realizar nuevas acciones.
- **La naturaleza del estado de vigilia es externa, física y objetiva.** Esto significa que, mientras estás despierto, constantemente experimentas objetos físicos y sensaciones en el mundo que te rodea.
- **El medio predominante del estado de vigilia es el cuerpo grueso.** Esto se debe a que, durante

el estado de vigilia, estamos constantemente experimentando cosas físicas y tomando acciones físicas. Estas cosas dependen del cuerpo grueso, y por eso decimos que es el medio predominante.

Pasemos al segundo estado de experiencia: el estado de sueño.

- Durante el estado de sueño, **la memoria es la** única **parte del cuerpo sutil que está activa.** ¿Y qué está haciendo? Considera esto. Durante el estado de vigilia, constantemente se generan nuevos pensamientos. El intelecto trata de examinarlos todos, pero siempre son demasiados. Los pensamientos no examinados se almacenan temporalmente en la memoria. **Durante el estado de sueño, estos pensamientos no examinados se liberan como imágenes aleatorias.** Esta es la única actividad que realiza el cuerpo sutil en este estado.
- **La naturaleza del estado de sueño es interna y subjetiva.** Esto significa que, a diferencia del estado de vigilia, que involucra interacción con el mundo exterior, la experiencia del estado de sueño se limita a tu propio ser interior.
- **El medio predominante del estado de sueño es el cuerpo sutil, específicamente la memoria.** Toda la experiencia del estado de sueño se centra en la memoria, por lo que podemos decir que la memoria predomina.

Está el estado de sueño profundo—el tercer estado de experiencia y el factor final de la composición humana.

- En el estado de sueño profundo, **el cuerpo sutil está completamente no funcional**. Recuerda que dijimos que este estado de experiencia corresponde a la capa de la bienaventuranza de la personalidad humana. En este estado, todos los demás poderes del cuerpo están suprimidos. De hecho, no puedes "experimentar" este estado de experiencia mientras estás en sueño profundo; solo puedes notar y registrar que ha ocurrido después de que te hayas despertado.
- **La naturaleza del estado de sueño profundo es total ignorancia.** Debido a que tus otros poderes están suprimidos, no están disponibles para ti en este estado. Esto significa que no puedes experimentar nada, considerar nada ni tomar ninguna acción durante este estado.
- **El medio predominante del estado de sueño profundo es el cuerpo causal.** Podemos decir esto porque podemos observar que ni el cuerpo grueso ni el cuerpo sutil están activos en absoluto durante este estado. La actividad de esos cuerpos existe en un estado de potencial, que es la definición del cuerpo causal.

Con esto, hemos concluido nuestra exploración de los once factores que componen al ser humano. Aunque esto pueda parecer mucha información, comprender estos aspectos de ti mismo es vital para vivir bien. Este conocimiento aumentará tu inteligencia y te ayudará a fortalecer tanto tu intelecto como su asociación armoniosa con tu mente. ¡Ambas cosas son necesarias si deseas poder establecer metas de manera efectiva y vivir una vida plena!

Ahora que hemos completado este inventario completo de lo que te hace ser quien eres, pasaremos a explorar un misterio aún más profundo—la naturaleza de la Conciencia misma.

Capítulo 04

La Conciencia y Tú

Anteriormente mencionamos que el Cuerpo Grueso, el Cuerpo Sutil y el Cuerpo Causal están formados por los cinco estados fundamentales de la materia. Y la materia es algo naturalmente inerte e insensiente. Pero si ese es el caso, ¿cómo es que somos capaces de estar conscientes y pensar? Esto implica que debemos haber tomado la Conciencia de otra fuente independiente y original de Conciencia, ¡y esa fuente de Conciencia debe ser de naturaleza no material!

¿Qué *es* la Conciencia y de dónde viene? Así como dos personas enamoradas podrían sentir que comparten un solo corazón, aunque sigan siendo seres separados, la Conciencia existe tanto como un Todo Infinito como reflejos individuales dentro de nosotros. Comprender esta paradoja es clave para entender no solo la Conciencia en sí, sino la profunda conexión que existe entre todos los seres.

Los científicos sugieren que la Conciencia es creada por el cerebro, que está hecho de materia gruesa. Sin embargo, con base en la definición de *sutileza* que exploramos anteriormente, sabemos que la Conciencia es más sutil que el cerebro. Entonces, ¿cómo puede originarse allí la Conciencia? No es posible.

Otros, como los psicólogos y filósofos, sugieren que la Conciencia se origina en la mente. Sabemos que esto es incorrecto porque, para empezar, ni siquiera tienen una comprensión precisa de todo el cuerpo sutil. Aparte de eso, sabemos que el cuerpo sutil también está hecho de materia, lo que significa que es imposible que la Conciencia se origine allí.

Entonces, ¿de dónde *viene* la Conciencia? Si sabemos que toda materia es inerte, tenemos que concluir que debe tener una fuente que no tenga nada que ver con la materia gruesa, sutil o causal. **Esta fuente se llama Conciencia pura, y existe completamente separada de todos los tipos de materia.**

Esto significa que no "posees" realmente la Conciencia, sino que solo la "tomas prestada", de una manera similar a como la luna toma prestada su luz plateada del sol. Piensa en la luz de la luna por un momento: la luna parece brillar con su propio resplandor, pero en realidad está reflejando la luz del sol. De manera similar, cuando nos sentimos conscientes y alertas, en realidad estamos reflejando una Conciencia universal que ilumina toda la existencia. Puedes pensar en ti mismo/a como si estuvieras bañado/a en Conciencia, como una flor abriendo sus pétalos a la luz de la mañana.

Esta naturaleza prestada de la Conciencia nos dice algo profundo sobre cómo nos relacionamos unos con otros y con el mundo. Así como la luna y los planetas reflejan la misma luz solar mientras parecen brillar de manera independiente, cada ser consciente refleja la misma Conciencia pura mientras parece tener su propia conciencia separada. Cuando te sientes profundamente conectado con otra persona—ya sea una pareja romántica, un amigo cercano o un miembro de la familia—estás captando un destello de esa Conciencia compartida que existe dentro de todos los seres.

La Conciencia nos hace conscientes de nosotros/as mismos/as. Pero, ¿qué es el Ser, en realidad? Considera esta profunda pregunta:

- **Todo lo que te pertenece no eres tú.** No dirías que tu teléfono móvil eres tú; simplemente te pertenece. De manera similar, ningún otro objeto material, incluidos tu cuerpo grueso y cuerpo sutil, es tú tampoco. Esto demuestra que "tú" eres algo diferente a tus cuerpos materiales.
- **Cualquier cosa que experimentes no eres tú.** Una experiencia ocurre cuando un sujeto—el

"yo"—interactúa con otro objeto. Debido a que todos tus cuerpos están hechos de materia, todos pueden considerarse objetos. Así que sabemos que "yo" debe ser algo distinto a esos cuerpos.

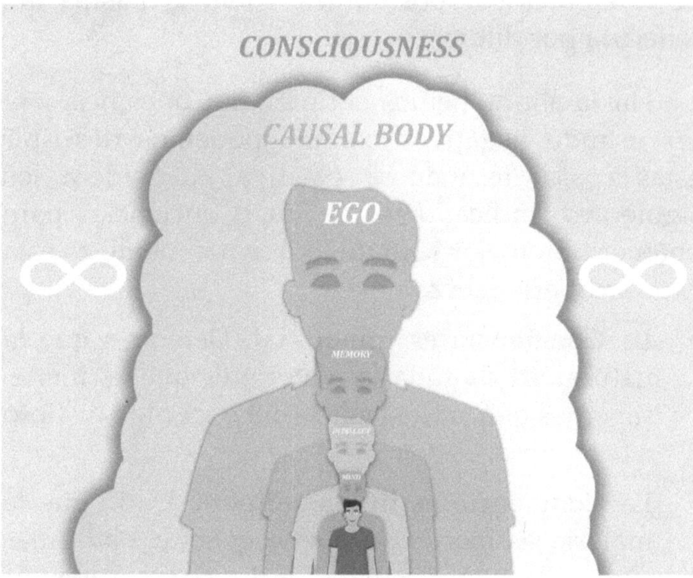

Esto nos dice algo importante sobre el ser. Nos dice que el Ser existe por separado de nuestros tres cuerpos materiales, por lo que debe ser algo cuarto, algo que no es como los demás—algo más sutil y misterioso que cualquier cosa que podamos ver o tocar.

Cuando realmente te conectas con otra persona, podrías sentir que la frontera entre tú y ellos parece desvanecerse. Esto no es solo un lenguaje poético—

está señalando una verdad más profunda sobre la existencia. La Conciencia que sabe "Yo soy" en ti es la misma Conciencia que sabe "Yo soy" en ellos. La única diferencia es que se refleja a través de diferentes cuerpos sutiles, como la misma luz reflejada por diferentes espejos.

Hasta ahora, hemos definido la Conciencia y el ser usando negativos. ¿Cómo podemos describir estas cosas de manera positiva? Considera los siguientes indicadores de la Conciencia para obtener una mejor idea de lo que realmente es esta extraordinaria fuerza:

- **La Conciencia es inmaterial.** Debido a que la naturaleza de toda la materia es que es inerte, sabemos que la Conciencia debe ser algo distinto a la materia.
- **La Conciencia es independiente.** Dado que la materia es inerte, no puede generar nada más sutil que ella misma. Por lo tanto, sabemos que la Conciencia no puede ser generada por el universo material, lo que significa que es independiente de él.
- **La Conciencia no tiene atributos.** Solo los objetos materiales tienen atributos. Debido a que la Conciencia es no material, no puede tener atributos. (Por eso utilizamos la palabra "indicadores" hace un momento: las cosas en esta lista solo indican lo que es la Conciencia, porque en realidad no tiene atributos).

- **La Conciencia es eterna.** El universo material está limitado por las cuatro dimensiones, una de las cuales es el tiempo. Dado que la Conciencia es independiente del universo material, también es independiente del tiempo.
- **La Conciencia trasciende el espacio.** Por la misma razón que la anterior, la Conciencia es independiente del espacio.
- **La Conciencia es omnipresente.** Existe en todo el espacio y más allá. Esto puede parecer contradictorio con la afirmación anterior, pero no lo es. Mientras que dos cosas materiales no pueden ocupar el mismo espacio al mismo tiempo, la Conciencia no tiene esa limitación. Esto significa que existe en todas partes, en todo el espacio y más allá, de ahí que sea omnipresente.
- **La Conciencia es real.** ¿Qué queremos decir con real? Real significa esencialmente "permanente". Cualquier cosa que sea temporal no es realmente real. Pero debido a que la Conciencia es permanente, es lo único que es real.
- **La Conciencia es el principio del conocimiento.** Lo único que te separa a ti, como entidad autoconsciente, de los objetos inertes, que carecen de consciencia, es la Conciencia. Por lo tanto, podemos ver que la Conciencia es lo que nos otorga el poder del conocimiento y la conciencia.

- **La Conciencia es felicidad.** Recuerda el capítulo sobre metas. Hablamos sobre cómo eliminar los deseos insatisfechos te hace feliz. Dado que los deseos son pensamientos, y los pensamientos están hechos de materia sutil, sabemos que la felicidad no puede generarse a partir de materia inerte, como los propios pensamientos. Por lo tanto, podemos concluir que la felicidad que experimentas es en realidad parte de la Conciencia, y que al eliminar los deseos insatisfechos, estamos eliminando obstáculos para nuestra experiencia de la felicidad.

Todo esto deja una pregunta sin responder. Si la Conciencia está en todas partes, ¿por qué no anima toda la materia inerte de la misma manera en que ha animado a los seres humanos y otros seres vivos? La respuesta tiene que ver con el cuerpo sutil. **El cuerpo sutil es el instrumento que permite que la materia inerte se vuelva consciente.** Solo los seres que tienen un cuerpo sutil pueden exhibir Conciencia, aunque la Conciencia fluya a través de objetos inertes como el metal y la piedra de la misma manera que fluye a través de nosotros.

Piensa en ello así: cuando conoces a alguien nuevo, puedes percibir su humanidad básica, pero sin sentir una conexión particular. A medida que los conoces mejor, tus cuerpos sutiles —tus pensamientos, sentimientos y comprensión— comienzan a resonar. Cuanto más profundamente se entienden, más te reconoces en ellos. Esto refleja cómo funciona la propia Conciencia: aunque existe en todas partes, solo puede reflejarse donde hay un cuerpo sutil que la reciba.

Esta comprensión de la Conciencia revela algo asombroso sobre nuestra existencia. **Aunque a menudo nos percibimos como seres separados del mundo que nos rodea, en realidad estamos participando en el mismo flujo de Conciencia que impregna toda la existencia.**

Esto significa que la misma Conciencia eterna que fluye a través de ti *también* fluye a través de cada persona en tu vida. Aunque tienes tu propio cuerpo y tus propias experiencias, en un nivel casi indescriptible, estás profundamente conectado con todas las personas. Este es el verdadero significado del título de este libro: *"El Tú en Mí, Siempre"*

Esta asombrosa conexión va aún más lejos: ¡también se aplica a las cosas físicas! La única diferencia entre los seres humanos y los objetos inertes es que nuestros cuerpos sutiles nos permiten tomar conciencia de esta Conciencia, mientras que una piedra o un pedazo de metal, al carecer de un cuerpo sutil, permanece inconsciente de ella.

Esta descripción debería brindarte una comprensión más profunda de lo que es la Conciencia. Esta comprensión será clave cuando exploremos formas de vida que pueden ayudarte a establecer metas, desprenderte de los deseos y llevar una vida plena. Estamos casi listos para comenzar esa parte de la conversación, pero antes, observemos más de cerca nuestro lugar en la creación. Así podremos comprender mejor cómo encajamos en la infinita vastedad del cosmos.

Capítulo 05

Creación, Big Bang(s)

Antes de comenzar a explorar formas de vivir una vida más plena, hay una última pieza de comprensión que necesitamos establecer: nuestra posición en la red infinita del universo. Una vez que entendamos de dónde venimos y hacia dónde vamos, podremos captar los ciclos que definen la existencia humana y ver cuán profundamente interconectados estamos, no solo en la Conciencia, sino también en nuestra propia naturaleza física.

Nota: *El contexto del tema requiere discutir la Creación y el Big Bang, pero en este libro solo se abordan los detalles mínimos. Una discusión mucho más detallada sobre la Creación y el Big Bang se puede encontrar en el libro "**¿Quién encendió la mecha del Big Bang!**" escrito por el mismo autor.*

Mientras que la ciencia nos dice que el universo comenzó con el Big Bang hace miles de millones de años y eventualmente terminará en un Big Rip o un Big Crunch, esto no comienza a revelar el profundo misterio de cómo realmente surgió nuestro universo, ni cómo su creación refleja la profunda unidad que existe entre todas las cosas.

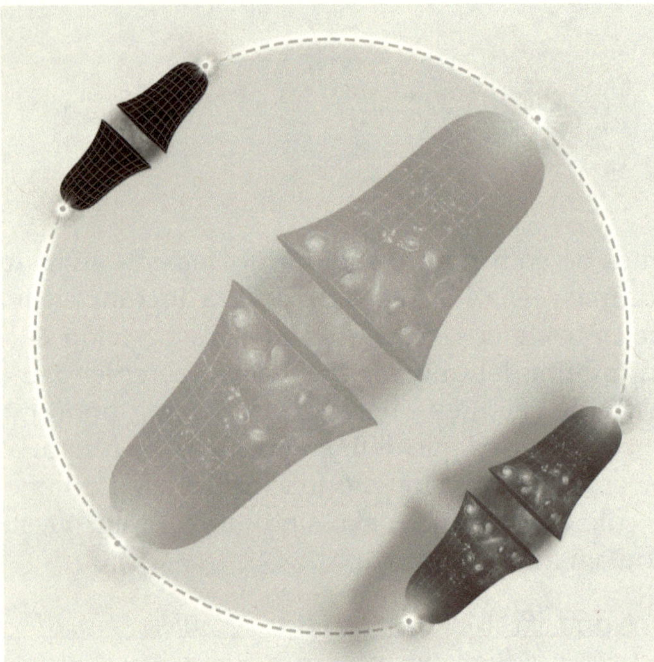

Comencemos con lo que existía antes del universo tal como lo conocemos. Ya hemos hablado sobre la materia causal y cómo nuestros cuerpos causales contienen el potencial que eventualmente se convertirá en nuestros cuerpos gruesos y sutiles. **Toda la colección de materia causal que contiene**

el potencial para todo lo que eventualmente se manifestará en nuestro universo se conoce como el universo causal. Así como el potencial para cada relación humana existe antes de que dos personas se encuentren, este universo causal contiene el potencial para todo lo que eventualmente se manifestará en nuestro mundo.

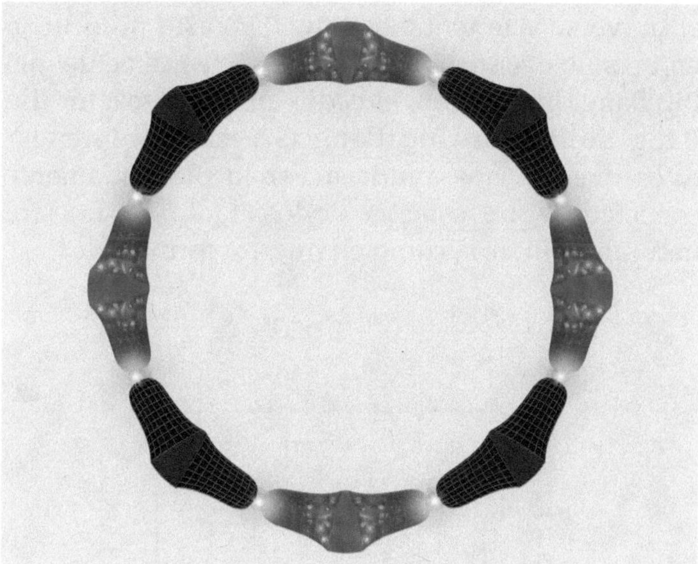

Pero el universo causal no es lo único que existía en ese momento. En el capítulo anterior, hablamos sobre cómo la Conciencia es eterna—existiendo en todas partes, en todo, siempre. Así que la Conciencia existía también en ese punto, y fue **la Conciencia, en combinación con el resultado de todas las acciones pasadas de todos los cuerpos sutiles del universo**

anterior, la que le dio al universo causal el impulso necesario para liberar su potencial y dar paso a nuestro universo actual.

Lo que ocurrió a continuación revela algo extraordinario sobre la naturaleza de la creación. Todo ese potencial se manifestó en un orden, desde lo más sutil hasta lo menos sutil, dando como resultado el universo que tenemos hoy. Pero esto no ocurrió en un solo evento, como sugiere la teoría actual del Big Bang. **En cambio, sucedió en dos fases: un Big Bang Sutil y un Big Bang Grueso.** Comprender estos eventos nos ayuda a ver lo profundamente conectados que estamos todos, tanto en nuestra naturaleza interna como en nuestra forma física.

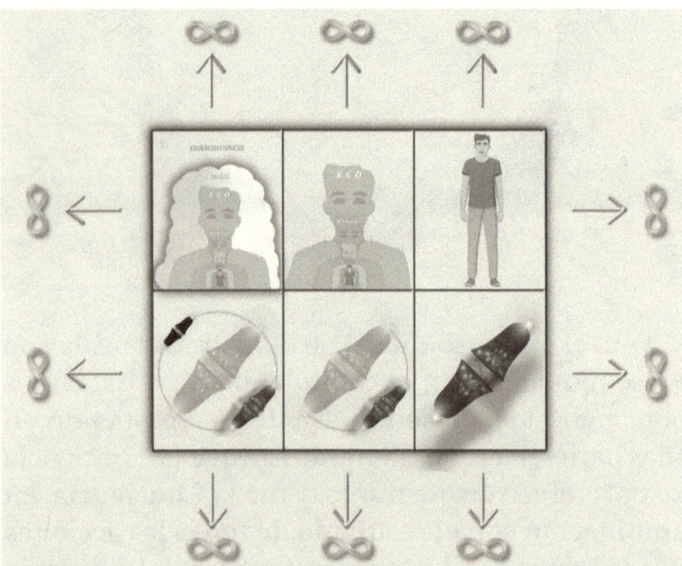

Lo primero que ocurre durante el Big Bang Sutil es la formación de toda la materia sutil. La materia sutil está compuesta por los cinco estados puros de la materia fundamental. Estos se crean en un orden específico. Cabe destacar que cada uno de estos estados también está asociado con una propiedad sensorial específica. El orden de su creación, junto con sus propiedades sensoriales relacionadas, es el siguiente:

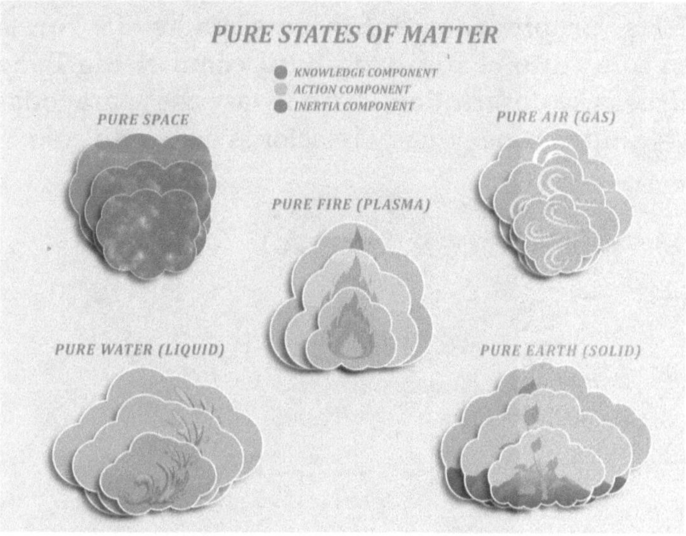

- Espacio – sonido
- Aire (gas) – tacto
- Fuego (plasma) – vista
- Agua (líquido) – gusto
- Tierra (sólido) – olfato

Además de estas propiedades sensoriales, cada estado puro de la materia también contiene tres propiedades intrínsecas, similares a lo que observamos en el funcionamiento del universo grueso observado:

- Conocimiento
- Acción
- Inercia

Estas propiedades intrínsecas guían la forma en que tanto el Big Bang Sutil como el Big Bang Grueso se desarrollan, creando las bases para todas las futuras conexiones y relaciones en el universo.

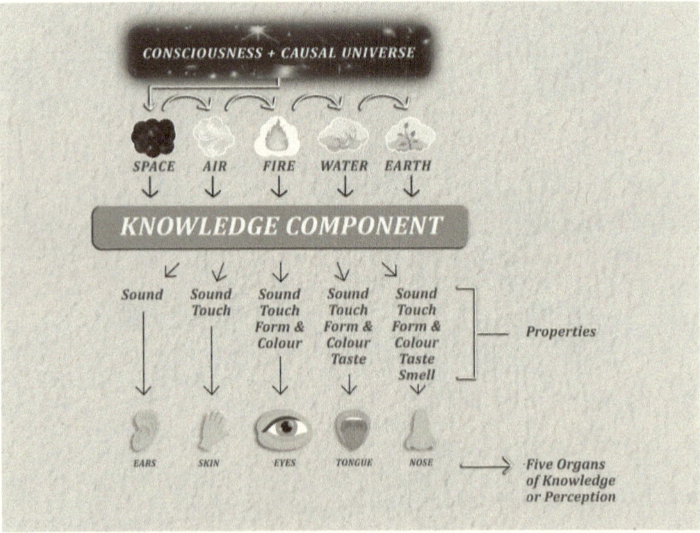

Primero, la propiedad intrínseca del conocimiento se afirma, lo que lleva a la formación de diez de los componentes del cuerpo sutil. De manera similar a cómo cada persona contiene la misma capacidad básica para entender y conectarse, estos componentes forman la base común de toda experiencia consciente.

La propiedad del conocimiento se afirma primero a través de cada uno de los cinco estados puros de la materia fundamental de manera individual. **Esto lleva a la creación de los cinco centros de poder de la percepción:** el oído sutil del espacio puro; la piel sutil del aire puro; el ojo sutil del fuego puro; la lengua sutil del agua pura; y la nariz sutil de la tierra pura.

Luego, la propiedad del conocimiento de los cinco estados de materia pura se combina **para formar los cinco componentes de la personalidad interior**. Así como las cualidades individuales se combinan para crear la belleza única de cada persona, estos estados puros se combinan para crear la base de nuestra experiencia interior.

Con eso, el poder intrínseco del conocimiento se ha agotado, y **es momento de que el poder intrínseco de la acción tome el control**. Esto lleva a la formación de los diez componentes restantes del cuerpo sutil.

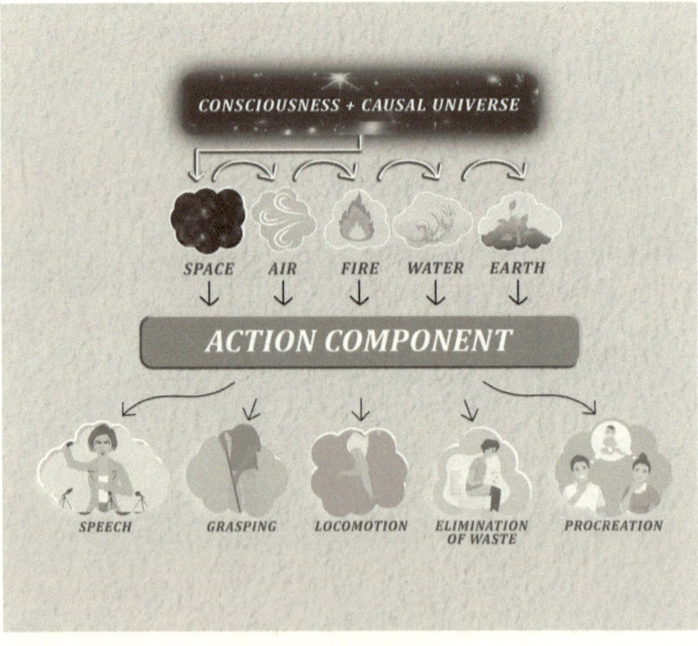

Como antes, la propiedad de la acción se afirma primero a través de cada uno de los cinco estados puros de la materia fundamental de manera individual. **Esto lleva a la creación de los cinco centros de poder de la acción:** el habla del espacio puro; la manipulación del aire puro; la locomoción del fuego puro; la eliminación del agua pura; y la reproducción de la tierra pura.

Luego, la propiedad de la acción de los cinco estados de materia pura se combina **para formar los cinco centros de poder de la función física**.

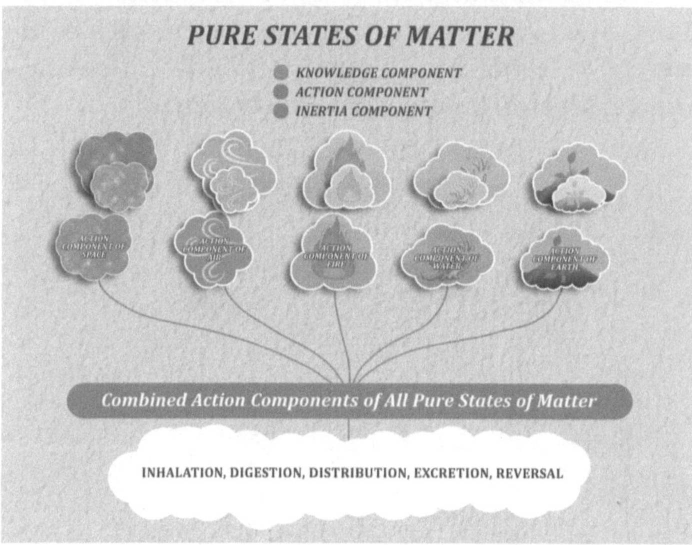

A medida que estos dos procesos se desarrollan, los cuerpos sutiles de las plantas y los animales también están siendo creados, aunque de maneras ligeramente diferentes.

Este origen compartido en los estados puros de la materia revela otra capa de nuestra conexión con todos los seres vivos: podemos parecer diferentes en la superficie, pero nuestros cuerpos sutiles surgieron de la misma fuente, al igual que todas las experiencias humanas surgen de las mismas emociones y sensaciones fundamentales.

Una vez que las propiedades de conocimiento y acción han cumplido con su propósito, el Big Bang Sutil ha llegado a su fin. La propiedad de inercia es lo único **que queda; cuando comienza a afirmarse, el Big Bang Grueso comienza.**

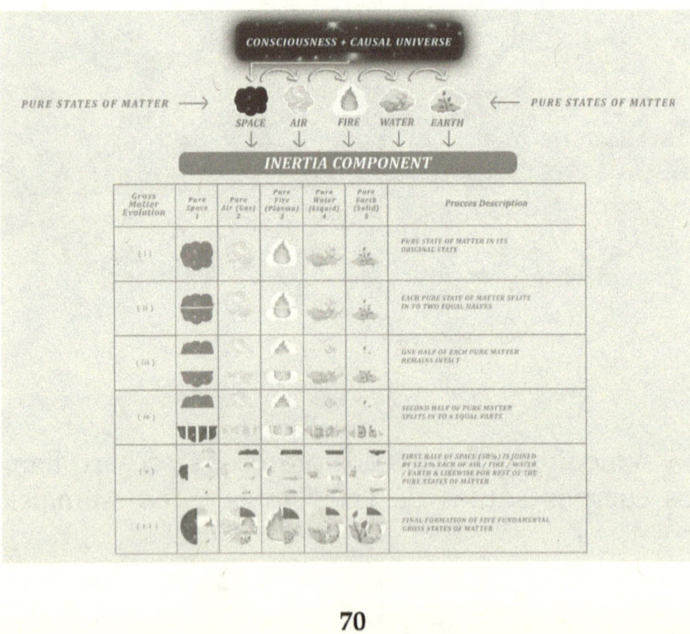

- Durante este evento, la propiedad de inercia se afirma a través de cada uno de los cinco estados puros de la materia fundamental. Así es como se crean los cinco estados de la materia gruesa.
- Sin embargo, recuerda que ya dijimos que no es posible que la materia gruesa exista en forma pura. Entonces, tan pronto como estos cinco estados de materia son creados, se combinan y mezclan de inmediato, de manera similar a cómo nuestras diferencias individuales se combinan para crear la rica complejidad de las relaciones humanas.
- Una vez que esto ha sucedido, comienza el evento que la mayoría de las personas imagina cuando piensan en el Big Bang. Se forman los elementos y las fuerzas del universo—todo lo que algún día creará las estrellas, los planetas y las formas de vida que vemos a nuestro alrededor. Cada átomo en tu cuerpo, cada célula en tu cerebro, cada molécula de aire que respiras—todo proviene de esta misma fuente cósmica, de esta misma mezcla primordial de estados puros en la realidad física.

Esto describe la verdadera naturaleza de la creación de nuestro universo—cómo realmente surgió, comenzando desde el potencial contenido en el universo causal. Un día, nuestro universo se desintegrará y toda su materia gruesa y sutil regresará a sus formas potenciales, y el universo causal dominará nuevamente—hasta el próximo conjunto de Big Bangs, y el próximo universo.

Comprender esta historia de la creación revela algo profundo sobre nuestra conexión entre nosotros y con toda la existencia. No solo compartimos la misma Conciencia, como descubrimos en el capítulo anterior, sino que nuestras propias formas físicas surgieron de la misma fuente. La materia sutil que forma tus pensamientos y sentimientos, la materia gruesa que forma tu cuerpo—estas no son fundamentalmente diferentes de la materia que forma a todos y a todo lo demás. **Todos somos expresiones de la misma realidad fundamental, tanto en nuestra Conciencia como en nuestra naturaleza física.**

De esta manera, podemos ver cómo la creación del universo es cíclica, así como nuestras propias vidas pasan por ciclos. Y así como los cuerpos gruesos y sutiles que tenemos en un universo pueden dejar su huella en el siguiente, nuestras acciones en esta vida pueden moldear lo que está por venir.

Con esta comprensión en su lugar, tomemos un momento en el próximo capítulo para poner todo lo que hemos aprendido hasta ahora en contexto, antes de pasar a hablar sobre algunos de los enfoques que pueden ayudarnos a vivir en armonía con estas verdades más profundas sobre la existencia—y cómo pueden ayudarnos a vivir más armoniosamente con las personas que amamos.

Capítulo 06

El Camino a Seguir

Hasta ahora, hemos explorado los profundos misterios de la existencia humana—desde el poder único de nuestro intelecto hasta la naturaleza eterna de la Conciencia misma. Ahora que entendemos estas verdades más profundas, estamos listos para descubrir cómo usar este conocimiento para vivir una vida más plena.

Con nuestro análisis de la Composición Humana, la Conciencia y la Creación, ahora nos dirigimos a los métodos para alcanzar el cuarto objetivo discutido anteriormente. El objetivo de **la Liberación o Salvación o Autorrealización o Captura del Infinito**.

Al alcanzar este objetivo, la comprensión del "Tú en Mí" esencialmente se transforma en "Todo en Mí" y "Yo en Todo".

El siguiente paso es explorar los métodos para lograr este estado, centrándonos tanto en el *cómo* como en el *quién*.

¿Quién Procederá?

Los lectores de este libro generalmente se dividen en diversas categorías. Algunos serán escépticos y despectivos, mientras que otros pueden encontrar valor pero sentir que ya han aprendido lo suficiente como para dejarlo de lado. Un grupo más pequeño integrará estas ideas en sus prácticas científicas, lo que llevará a avances en la comprensión.

El segmento más pequeño—una franja rara se comprometerá a perseguir el Infinito, creyendo que disolver el pensamiento puede conducir a la unidad con el Infinito. Aunque idealmente todos los lectores deberían perseguir este objetivo, la dedicación es esencial, y muchos no lo harán.

Una vez que este pequeño grupo reconozca que su propósito es perseguir el Infinito, deben prepararse, de manera similar a la extensa preparación requerida para el lanzamiento del Telescopio Espacial James Webb. Esto implica afinar sus instrumentos internos—el ego, la memoria, los intelectos y la mente.

Aunque la preparación requiere seriedad, puede ser guiada por métodos probados. El éxito en capturar el Infinito depende de la intensidad del deseo de convertir esta búsqueda en su objetivo principal.

Hablemos de cómo prepararse para este viaje y de los principios relacionados con el contenido del libro.

Ciencia y Vedanta

En esta sección, exploraremos los conceptos del Vedanta, un marco de herramientas lógicas y principios que guían la búsqueda del Infinito.

Todos los conceptos discutidos previamente están basados en la Filosofía del Vedanta. Inicialmente, no se mencionó debido a los conceptos erróneos comunes que lo asocian con el misticismo, lo que puede parecer incompatible con la ciencia. Sin embargo, el Vedanta puede verse como una extensión del pensamiento científico, destacando que la ciencia y la física son derivados de él.

Este libro tiene como objetivo cerrar la brecha entre la ciencia y la filosofía, ya que el Vedanta abarca ambas. En los próximos capítulos, introduciremos algunos términos en sánscrito, definidos para ayudar en tu comprensión en la búsqueda del Infinito.

Fundamentos en el Vedanta

El Vedanta se origina en los Vedas, antiguos textos divididos en cuatro grupos: Rig, Yajur, Saama y Atharvana. Cada uno concluye con los Upanishads, que discuten conceptos como la Conciencia, el Infinito y los objetivos humanos.

"Vedanta" significa "el fin del conocimiento," destacando los Upanishads como la comprensión última del Infinito. Aunque a menudo se asocia con el hinduismo, el Vedanta es una filosofía secular aplicable a todos.

Los textos clave incluyen los Upanishads, los Brahma Sutras y la Bhagavad Gita, conocidos como el 'Prasthana Trayam'. Los Upanishads son crípticos, con 108 reconocidos como auténticos. Los Brahma Sutras organizan sus mensajes, mientras que la Bhagavad Gita los aclara y expande.

Estudiar estos textos, particularmente la Bhagavad Gita y algunos Upanishads, junto con un estudio constante bajo la dirección de un maestro, es esencial para aquellos que buscan una comprensión más profunda del Infinito.

Pre-Requisitos

La búsqueda del Infinito requiere calificaciones específicas, similares a las de las instituciones prestigiosas. El lector, ahora el buscador, seguramente posee algunas de estas calificaciones, pero el esfuerzo dedicado a lo largo del tiempo es esencial para lograr el logro completo.

Las Cuatro Calificaciones

El Vedanta describe cuatro calificaciones clave para la búsqueda del Infinito, conocidas como *Sadhana Chatushtayam*, que significa 'Cuatro Calificaciones'.

Primera Calificación: Intenso Deseo Ardiente de Unirse al Infinito (Mumukshatvam)

El primer requisito es un fuerte deseo de unirse al Yo Infinito, denominado Mumukshatvam. Este deseo está conectado con la felicidad y es esencial para escapar del ciclo de insatisfacción asociado con los objetivos impermanentes, conocidos colectivamente como "Samsaara."

Para ilustrarlo, imagina estar atrapado/a bajo el agua o en una casa en llamas; tu único enfoque sería escapar. De manera similar, el deseo intenso de alcanzar el Infinito es crucial para liberarse del sufrimiento.

Incluso un pequeño compromiso de entre el 5 y el 10 por ciento de tus pensamientos hacia este objetivo puede generar una mayor intensidad con el tiempo. Lograr la libertad de Samsaara, conocida como Moksham o Mukti, significa la unidad con la Conciencia Infinita, o lo que se denomina el "BRAHMAN" Infinito.

"Brahman" es diferente de "Braahmiin," que se refiere a la casta sacerdotal en la India. Inicialmente diseñado para ayudar a la sociedad, el sistema de castas se ha convertido en una carga. Cualquier persona que dedique su vida a realizar el Infinito Brahman, sin importar su origen, puede ser llamada un Braahmiin.

Segunda Calificación: Discernimiento (Vivekam)

El discernimiento, o *Vivekam,* es la capacidad de pensar críticamente y diferenciar entre los aspectos permanentes e impermanentes de la vida. Nos ayuda a reconocer que, aunque tengamos necesidades temporales de seguridad y confort, la verdadera felicidad no debe depender de logros fugaces.

Aunque el tiempo, el espacio y la causalidad puedan parecer permanentes, también son impermanentes. Entender esta verdad depende de la fuerza de nuestro intelecto.

No es necesario comenzar con un discernimiento avanzado. Simplemente intentar diferenciar lo duradero de lo transitorio es un valioso primer paso, y esta habilidad crecerá con el tiempo, guiándote hacia la Conciencia Infinita.

Tercera Calificación: Desapego (Vairagyam)

El desapego, o *Vairagyam,* consiste en dominar las experiencias sensoriales y mantenerse indiferente ante los estímulos emocionales. No significa escapar del mundo sensorial, sino enfocarse en un objetivo permanente sin distraerse con placeres temporales.

Mientras se disfrutan las experiencias fugaces, uno debe reconocer su impermanencia. El desapego implica valorar los objetos sensoriales y las relaciones para cumplir con objetivos secundarios, todo mientras se prioriza el objetivo eterno de capturar el Infinito.

Al enfocarse en este objetivo más alto, los individuos pueden actuar con desapego, experimentando felicidad y resiliencia a pesar de los contratiempos. Este concepto se resume en la frase: "Adjúntate al Apego del Desapegado, para desapegarte del Apegado."

Cuarta Calificación: Riqueza Seis Veces (Shatka Sampathi)

Shatka Sampathi, o "Riqueza Seis Veces," es la disciplina interna que supera la riqueza material. Requiere cultivar autodisciplina para interactuar armoniosamente con el mundo.

1. Mente Equilibrada (Samam)

Samam se refiere a una mente equilibrada, más que a un simple autocontrol. Enfatiza gestionar los deseos sin suprimirlos, lo que puede llevar al estrés. Un intelecto fuerte es esencial para lograr esta ecuanimidad. Las secciones futuras abordarán prácticas específicas para nutrir estas cualidades.

2. Regulación de los Sentidos (Dhamam)

En discusiones anteriores, mencionamos cómo los cinco órganos sensoriales están continuamente involucrados con el mundo exterior. Estos órganos envían estímulos a la mente durante el estado de vigilia, que los traduce en pensamientos. Cada experiencia sensorial puede generar nuevos pensamientos, lo que lleva a un flujo abrumador de ideas.

El Vedanta promueve *Dhamam,* o la regulación de las percepciones sensoriales, como una forma de filtrar entradas sensoriales innecesarias. Esta práctica reduce el flujo de pensamientos y ayuda a centrarse en percepciones que estén alineadas con los objetivos de uno.

3. Mente Retirada (Upa-Ramam)

La búsqueda del Infinito no elimina los objetivos secundarios de la vida de una persona. *Upa-Ramam,* o la retirada mental, ayuda a priorizar el enfoque en el objetivo supremo al reducir la dependencia de las distracciones externas. Permite a los individuos equilibrar su atención entre diversas actividades, dedicando el tiempo adecuado al Infinito mientras aún gestionan los objetivos secundarios.

Con una mente retirada, los individuos se concentran en sus deberes esenciales que contribuyen a sus objetivos. Aquí, "introvertir" significa enfocarse en los objetivos personales en lugar de buscar satisfacción en el mundo exterior.

4. Resiliencia Mental (Thi-Thik-Sha)

La vida está llena de experiencias variadas, incluyendo dolor físico y angustia emocional. Si bien es natural buscar alivio inmediato de tal dolor, siempre surgirán nuevas fuentes de incomodidad.

Mejorar la resiliencia mental es clave para lidiar con el dolor. Esto implica aumentar el umbral para el dolor y reducir la identificación con él, lo que lleva a una recuperación más rápida. Fortalecer la resiliencia permite a los individuos enfrentar el dolor de manera ecuánime y aceptar experiencias difíciles.

Es importante destacar que esto no significa ser indiferente al dolor o permitir que ocurra daño. La capacidad de soportar el dolor también empodera a una persona para establecer límites y protegerse de influencias negativas.

5. Fe Intelectual (Shraddha)

Entender el Infinito es un viaje; incluso los buscadores avanzados conservan algo de ignorancia. Esto ilustra el valor de la Fe Intelectual (*Shraddha*), que fomenta una mente abierta sin aceptación ciega. El objetivo es perseguir el conocimiento de manera reflexiva y sin arrogancia.

Dos citas relevantes son:

> "Una creencia en algo que no sé hasta que llego a saber en qué creo." – Joel Goldsmith

> "La fe es el pájaro que siente la luz y canta cuando el amanecer aún está oscuro."
> – Tagore

La fe intelectual acelera la comprensión de los principios Vedánticos.

6. Mente Tranquila/Concentración (Samaadhaanam/Dharana)

La concentración es vital tanto en la gestión como en el crecimiento personal. Implica enfocar el intelecto en la tarea presente, evitando distracciones. Es necesario tener objetivos claros y hitos definidos para una concentración efectiva.

La objetividad apoya la concentración, aplicando el intelecto de manera consistente a lo largo de la vida.

En resumen, esta sección concluye el sexto aspecto de la riqueza interior, abriendo el camino hacia los próximos capítulos sobre los métodos para perseguir el Infinito.

Mirando Hacia Adelante

Para alcanzar el Infinito, enfócate en las cualificaciones delineadas utilizando un enfoque sistemático. Es probable que los lectores ya posean algunas de estas cualidades, incluyendo un intelecto razonablemente fuerte.

La personalidad humana consiste en múltiples capas—mental, activa y física—cada una contribuyendo a la individualidad. El Vedanta ofrece orientación a través de varios Yogas, adaptados a las características únicas de cada persona.

Aunque comúnmente se asocia con ejercicio y meditación, el Yoga se ha comercializado. En los próximos capítulos, explicaremos la verdadera naturaleza de los diversos Yogas y su conexión con el sistema de castas.

Capítulo 07

¡Bendición Convertida en Maldición!

El sistema de castas fue concebido como un marco de justicia social para ayudar a los individuos a alcanzar sus objetivos humanos y brindar igualdad de oportunidades para que todos pudieran alcanzar la Conciencia Infinita. Sin embargo, con el tiempo, se ha convertido en una jerarquía rígida que fomenta la división y los prejuicios basados en el nacimiento.

En este capítulo, examinaremos el sistema de castas social (Varna Dharmam) y el sistema de estilo de vida individual (Aashrama Dharmam), discutiendo su intención original frente a su estado actual. Comprender este sistema no es esencial para alcanzar el Infinito, pero proporciona un contexto vital.

En última instancia, los mismos textos que delinean los caminos hacia la liberación también se han utilizado para justificar la opresión. Para entender esta complejidad, debemos explorar el sistema de castas en su contexto original.

El Origen y Propósito del Sistema de Castas

Los objetivos humanos se pueden categorizar en cuatro tipos:

1. **Seguridad:** Lo básico como alimento y refugio (Artham).
2. **Comodidad:** Lujos materiales (Kaamam).
3. **Riqueza Invisible:** Buenas acciones para recompensas futuras (Dharmam / Punnyam).
4. **Infinito:** Unirse con la Conciencia última (Moksham).

Moksham / Liberación / Salvación / Infinito debe ser el objetivo principal de todos los humanos, y junto con los otros tres objetivos se denominan colectivamente como **'Purushartham'**. Los medios para alcanzar estos objetivos se encuentran en los Upanishads, parte de los Vedas, que incluyen el **'Veda Poorvam'**, centrado en rituales y el bienestar social.

Un sistema clave dentro de este marco es el **'Varna-Ashrama'**, que incluye:

- **Varna Dharmam:** El sistema de castas social.
- **Aashrama Dharmam:** Enfoque en el estilo de vida individual.

Originalmente destinado a elevar a la humanidad, este sistema ha sido malinterpretado y mal utilizado, lo que ha llevado al colapso de la estructura de castas. Aplicado correctamente, podría proporcionar seguridad, comodidad, buenas acciones y liberación. Examinaremos este sistema más a fondo para aclarar su verdadero propósito.

Varna Dharmam – El Sistema de Castas Social

El sistema de castas de la India consta de cuatro niveles:

- **Brahmanan:** La casta sacerdotal.
- **Kshatriyan:** La casta de líderes y guerreros.
- **Vaishyan:** La casta de comerciantes y empresarios.
- **Shoodran:** La casta de los trabajadores manuales.

Entender la lógica detrás de estas distinciones es esencial. Los textos védicos describen tres categorías que definen las castas, destacando un marco para ayudar a todos los individuos a perseguir los cuatro objetivos humanos, particularmente el **Moksham** (Salvación).

Las tres categorías son:

- **Temperamento mental (Guna):** Las cualidades internas que definen la naturaleza de una persona, como la sabiduría, la valentía o la capacidad de trabajo.
- **Profesión (Karma):** El rol que una persona desempeña en la sociedad, basado en su habilidad y inclinación para ciertos trabajos.
- **Nacimiento (Jaati):** El linaje o la casta a la que una persona pertenece por nacimiento, que históricamente ha determinado sus funciones sociales.

Este sistema, en su concepción original, no tenía la intención de ser una jerarquía rígida o divisiva, sino un medio para organizar la sociedad y permitir a las personas alcanzar sus objetivos espirituales de manera eficiente, cada uno según su naturaleza y habilidades. Sin embargo, con el tiempo, esta estructura fue malinterpretada y corrompida, lo que llevó a la discriminación y la rigidez que conocemos hoy en día.

1. Clasificación Social Basada en el Temperamento Mental (Guna)

Guna está vinculado a tres propiedades intrínsecas del universo: Conocimiento, Acción e Inercia, que también deben ser propiedades intrínsecas dentro de todas las personalidades humanas.

Los tipos de **Guna** son:

1. **Saatvik Guna:** Temperamento orientado hacia la búsqueda del Conocimiento, presente en los **Guna Brahmanas**, quienes persiguen **Moksha** (salvación) y personifican los valores contemplativos. Tienen una mentalidad reflexiva, buscando la paz interior, la sabiduría y la unión con el infinito.

2. **Rajasik Guna:** Temperamento orientado hacia la Acción, encontrado en los **Guna Kshatriyas**, quienes se enfocan en servir y proteger a su comunidad. Son líderes, guerreros y defensores, impulsados por el deseo de proteger el orden y el bienestar social.

3. **Rajasik Guna Impuro:** Presente en los **Guna Vaishyas**, quienes son más orientados al interés personal. A menudo priorizan la ganancia personal sobre el bienestar social y tienden a enfocarse en el comercio y la acumulación de riquezas, sin una preocupación profunda por el impacto social de sus acciones.

4. **Tamasik Guna:** Presente en los **Guna Shoodras**, quienes son perezosos, indolentes y se niegan a pensar o actuar de manera significativa. Se benefician del esfuerzo de los demás y son los que más fácilmente se apartan del progreso social o personal, mostrando una tendencia a vivir a expensas de la sociedad.

El **Guna** dominante de cada individuo determina su clasificación dentro del sistema de castas, modelando su personalidad y guiando sus acciones en la vida. Esta clasificación no debería verse como una jerarquía rígida, sino como una forma de organizar a las personas según sus inclinaciones naturales y ayudarles a alcanzar sus metas espirituales.

2. Clasificación Social Basada en la Profesión (Karma)

Este sistema de clasificación categoriza a los individuos según su profesión elegida. Idealmente, la profesión de una persona debe alinearse con su **Guna** predominante—**Karma Braahmanan**, **Karma Kshatriyan**, **Karma Vaishyan** o **Karma Shoodran**. Sin embargo, la influencia familiar, la presión social y las decisiones personales pueden llevar a los individuos a profesiones que no se ajustan a su temperamento mental.

Las cuatro profesiones en este sistema son:

- **Karma Braahmanan:** Individuos dedicados al estudio y la enseñanza del conocimiento Védico.

Esto requiere una profunda comprensión y especialización en los textos Védicos, lo que convierte esta profesión en una de gran nobleza. Estos profesionales están centrados en la transmisión de sabiduría y en la guía espiritual de la sociedad.

- **Karma Kshatriyan:** Aquellos que ocupan roles en el gobierno y la administración, incluidos líderes en defensa, policía y negocios. Su enfoque está en servir a la comunidad, crear riqueza y promover el bienestar general. Son protectores de la sociedad, comprometidos con el mantenimiento del orden y la justicia.
- **Karma Vaishyan:** Individuos dedicados a la creación de riqueza privada y a los negocios para el beneficio personal, lo que los distingue de los **Karma Kshatriyan**. Aunque también contribuyen a la sociedad, su enfoque se centra más en el lucro y en la acumulación personal de bienes materiales.
- **Karma Shoodran:** Trabajadores que sirven a las otras tres clases, incluidos los obreros y trabajadores semi-calificados. Sus roles son principalmente físicos por naturaleza. A pesar de ser esenciales para el funcionamiento de la sociedad, suelen ser vistos en una posición más humilde dentro del sistema de castas.

Cada profesión se caracteriza por sus contribuciones únicas a la sociedad, independientemente de cómo los individuos hayan llegado a esos roles. En el sistema ideal, cada uno desempeña su papel con dedicación y alineación con su **Guna**, contribuyendo al bienestar colectivo mientras se esfuerzan por alcanzar sus metas espirituales.

3. Clasificación Social Basada en el Nacimiento (Jaathi)

La clasificación de los individuos según su nacimiento, o Jaathi, es uno de los aspectos más malentendidos del sistema de castas. Divide a las personas en cuatro castas:

- Jaathi Braahmanan
- Jaathi Kshatriyan
- Jaathi Vaishyan
- Jaathi Shoodran

Muchos creen que la casta de una persona está determinada únicamente por el nacimiento, una noción que contradice los principios védicos y desconsidera las otras dos clasificaciones (Guna y Karma). Por ejemplo, si alguien nace en una familia Braahmanan y elige una profesión propia de un Kshatriyan, y usa su posición solo para beneficio personal, esa persona encarna las castas mezcladas de Jaathi Braahmanan, Karma Kshatriyan y Guna Vaishyan simultáneamente.

Por otro lado, una persona nacida en una familia Shoodran que se convierte en un propietario de negocio caritativo ejemplifica Jaathi Shoodran, Karma Vaishyan y Guna Kshatriyan.

Si esa misma persona, nacida en una familia Shoodran, valora el Moksham (liberación) y decide abandonar el negocio para dedicarse de lleno al estudio védico, se convierte en un Guna Braahmanan y Jaathi Shoodran simultáneamente.

El defecto en el sistema de castas actual es su rígida asociación exclusivamente con el nacimiento, lo que implica que el valor de una persona depende únicamente de su linaje. En realidad, todos los individuos son iguales por nacimiento y por profesión, y no existe una jerarquía ni gradación que determine su valía.

Sin embargo, debe existir y existiría una jerarquía basada en el temperamento mental (Guna): el Guna Braahmanan es superior al Guna Kshatriyan, y así sucesivamente. Este temperamento no es fijo; los individuos pueden mejorar su Guna a través del esfuerzo y la dedicación. De esta manera, las personas pueden transformarse y crecer, independientemente de su casta de nacimiento o profesión.

Uno también puede redefinir su casta en función del Karma al elegir profesiones alineadas con su Guna. Aunque está fijada al nacer, tu Guna puede influir en tu casta en vidas futuras. Así, la casta es fluida y todos tienen el potencial de cambiar.

Originalmente, los Vedas y el Manu-Smriti tenían como objetivo elevar a la sociedad educando a los individuos sobre cómo reconocer y mejorar su Guna. Sin embargo, debido a las acciones egoístas de una sociedad desconocida en el pasado, el propósito del sistema de castas se ha perdido, lo que ha llevado a la creencia errónea de que la casta se determina únicamente por el nacimiento.

Restaurar el sistema de castas a su gloria y propósito original sería un desafío significativo y requeriría el restablecimiento del sistema Aashrama para el crecimiento individual. Exploremos brevemente este segundo sistema antes de continuar nuestra discusión sobre la búsqueda de la Infinity.

Aashrama Dharmam – El Sistema de Estilos de Vida Individual

El sistema Aashrama enseña a los individuos cómo navegar las diferentes etapas de la vida con el objetivo de desarrollar un Guna predominante Saatvik. Este sistema detalla cuatro etapas clave, cada una representando un estilo de vida distinto que ayuda a alcanzar los cuatro Purusharthams:

1. Brahmachaarya Aashramam: El Estudiante/ Principiante
2. Gruhastha Aashramam: El Jefe de Familia

3. Vanaprastha Aashramam: El Ermitaño
4. Sannyasa Aashramam: El Renunciante

Muchas personas reconocen estos nombres, pero quizás no se den cuenta de que representan estilos de vida completos. El término 'Shramam' significa "esfuerzo," y 'Aa-Shramam' significa "sin esfuerzo," lo que resalta la progresión natural de una etapa a otra.

Brahmachaarya Aashramam: El Estilo de Vida de un Estudiante / Principiante

En el Brahmachaarya Aashramam, el estudiante recibe una educación fundamental con dos objetivos principales: refinar la personalidad y adquirir habilidades esenciales para la subsistencia y la independencia.

Los estudiantes pueden elegir habilidades vocacionales basadas en sus tendencias innatas, sin importar su casta. Además, participan en un programa de refinamiento de la personalidad, que tiene como objetivo la transición de estados mentales Tamasik a Rajasik y finalmente a Saatvik, eligiendo el Moksham como su objetivo último y cultivando devoción hacia su deidad elegida.

El entrenamiento incluye Hatha Yoga, ejercicios físicos y técnicas de Pranayama para la salud y longevidad. Los estudiantes también aprenden valores atemporales conocidos como Sanatana Dharma, los cuales siguen siendo relevantes a través de las edades.

En resumen, el Brahmachaarya Aashramam ofrece oportunidades iguales para que los estudiantes persigan el Moksham y desarrollen sus habilidades, preparándolos para la siguiente etapa: Gruhastha Aashramam.

Gruhastha Aashramam: El Estilo de Vida del Hogar

La segunda etapa de la vida es la etapa del hogar. Después de adquirir las habilidades y valores esenciales, un estudiante entra en el matrimonio, donde ambos cónyuges ganan la vida de manera justa mientras mantienen el Moksham (liberación) como su objetivo principal. Satisfacen sus necesidades de riqueza material (Artham) y disfrutan de los placeres de la vida (Kaamam) dentro de sus posibilidades.

Los Gruhasthas encarnan un estilo de vida activo definido por el Karma Yoga, lo que les permite agotar los deseos mundanos de manera justa. Esta etapa es crucial, ya que genera la riqueza material necesaria para apoyar las otras tres etapas de la vida.

Vaana-Prastha Aashramam: El Estilo de Vida del Ermitaño

La tercera etapa es la del ermitaño. Después de vivir como Gruhasthas, los individuos pasan a un periodo de retiro mental de las actividades mundanas, enfocándose en el Upaasana Yoga para elevar su temperamento Rajasik puro a un temperamento Saatvik, preparándose para la etapa final de la vida.

Sannyasa Aashramam: El Estilo de Vida del Renunciante

La etapa final es la del renunciante. A través de la práctica de Upaasana Yoga, los individuos purifican sus mentes y renuncian a las posesiones mundanas. Como Sannyasis (renunciantes), se dedican al Gyana Yoga, aprendiendo de un Guru y progresando a través de Shravanam (escuchar), Mananam (reflexión) y Nidhi-Dhyaa-Sanam (contemplación) para alcanzar el Moksham.

Aunque el resultado ideal puede no ocurrir en el primer intento, el sistema Aashrama proporciona un camino estructurado hacia el Moksham, apoyando la búsqueda de los otros objetivos de la vida. En el próximo capítulo, exploraremos los diversos Yogas y su papel en el viaje hacia la Infinitud.

Capítulo 08

¡Yoga y 'Medicamentos!'

El título de este capítulo es intencional. Muchas personas que comienzan Yoga y Meditación sin una guía adecuada terminan dependiendo de medicamentos. Para entender por qué, necesitamos examinar las prácticas modernas de Yoga y Meditación.

"Yoga" proviene de la palabra sánscrita 'yuj', que significa "unir". Aunque la mayoría de las personas asocia el Yoga principalmente con el Hatha Yoga, enfocado en técnicas físicas, el verdadero Yoga abarca varias prácticas dirigidas a controlar la mente, escapar del sufrimiento y conectar con la Conciencia Infinita.

Los ejercicios físicos, conocidos como Yoga-Asana, mantienen el cuerpo en forma y flexible, preparando a los individuos para prácticas espirituales más profundas. Aunque el Yoga-Asana beneficia principalmente al cuerpo, la Meditación es una práctica avanzada crucial para la búsqueda de la Infinitud.

Entre el Yoga-Asana y la Meditación avanzada existen varias prácticas intermedias: Karma Yoga, Bhakti Yoga, Upaasana Yoga y Gnyaana Yoga. Excepto Bhakti Yoga, estas prácticas afectan diferentes capas de la personalidad humana: física, activa, mental e intelectual. Sin entender estos estadios, los practicantes a menudo carecen de la preparación necesaria para un compromiso duradero con la Meditación, lo que resulta en una paz solo temporal.

Algunas personas pueden asistir a retiros para enfocarse en Yoga y Meditación, pero una vez que regresan a la vida cotidiana, su compromiso generalmente disminuye. En un esfuerzo por mantener su práctica, pueden obligarse a Meditar, lo cual puede conducir a resultados negativos, ya que el verdadero compromiso requiere de preparación mental.

La verdadera Meditación implica enfocar la mente en un solo pensamiento—Brahman o la Infinitud—mientras está bajo el escrutinio del intelecto. Esta habilidad se desarrolla solo a través de la práctica sistemática de todas las formas de Yoga, preparando a los individuos para la Meditación profunda que conduce a la experiencia de la Infinitud.

La esencia del Yoga es la unión del yo individual con la Conciencia Infinita. El camino hacia esta unidad requiere una comprensión integral de todas las formas de Yoga, permitiendo que los practicantes se acerquen a esta profunda conexión. Al comienzo de este capítulo, presentamos los principales Yogas de Vedanta: Hatha Yoga, Karma Yoga, Bhakti Yoga, Upaasana Yoga y Gnyaana Yoga. Estos Yogas abordan varios aspectos de la personalidad humana y preparan a uno para la Meditación Vedántica.

Además de los Yogas principales, existen muchas otras prácticas, como el Ashtanga, Kriya, Raja y Kundalini Yoga, entre otras. Sin embargo, la mayoría de estos auxiliares son derivados y no esenciales para la búsqueda de la Infinitud, por lo que nos centraremos en los cinco Yogas fundamentales.

El Hatha Yoga involucra ejercicios físicos y técnicas de respiración que promueven un cuerpo saludable y prolongan la vida, brindando la oportunidad de capturar la Infinitud. Si bien mantener la forma física es importante, un énfasis excesivo en el cuerpo grueso puede llevar al descuido del cuerpo sutil y a comportamientos potencialmente dañinos, como la anorexia, que pueden acortar la vida y obstaculizar el progreso espiritual.

Adoptar un estilo de vida vegano, aunque bien intencionado, también puede causar angustia a otros si se persigue sin considerar sus efectos más amplios. El Vedanta considera el hambre como una Enfermedad Divina (Vaishvanara), siendo la comida un remedio temporal; por lo tanto, el consumo debe centrarse en la nutrición más que en la obsesión.

Algunas personas minimizan la importancia de la aptitud física, descuidando sus cuerpos gruesos en favor de las actividades intelectuales en Vedanta. Este descuido puede obstaculizar su camino hacia la Infinitud y posiblemente acortar su esperanza de vida.

Afortunadamente, el interés moderno en el Hatha Yoga ha llevado a la disponibilidad de muchos recursos para el aprendizaje y la práctica. Se anima a los lectores a explorar estos recursos para cultivar su práctica física de Yoga, reconociendo que el Hatha Yoga sirve como preparación para centrarse en los otros cuatro Yogas principales. En los capítulos siguientes, discutiremos cada uno de estos Yogas en detalle.

Capítulo 09

Karma Yoga

En el mundo actual, el karma se ha comercializado, lo que ha llevado a una comprensión errónea de su verdadero significado y su importancia en la consecución de la Infinitud. En este contexto, el karma significa "acción correcta" o "acción adecuada", y por lo tanto, Karma Yoga se refiere al Yoga de la acción.

El Yoga consiste en diversas prácticas que guían a los individuos hacia la unión con Brahman, la Conciencia Infinita. Karma Yoga, específicamente, refuerza tres requisitos clave que discutimos anteriormente:

1. Deseo ardiente por la Infinitud (Mu-Muk-Shatvam)
2. Discernimiento (Vivekam)
3. Desapego (Vai-Rag-Yam)

Exploraremos cómo mejorar estos requisitos a través de Karma Yoga. El cuarto requisito, la riqueza de seis componentes (Shatka Sampathi), se abordará a través de Upaasana Yoga en un capítulo posterior.

La interrelación de estos Yogas subraya la necesidad de practicar estos de manera intencional y combinada, de acuerdo con la personalidad de cada uno. Esto prepara a los individuos para Gnyaana Yoga, el Yoga del intelecto, que implica un estudio profundo y la contemplación del ser y la Conciencia Infinita. La práctica constante de Gnyaana Yoga lleva a la sabiduría de Brahman (Gnyaanam) y a la fusión con la Infinitud.

Este enfoque estructurado tiene raíces en las antiguas tradiciones védicas. Sin embargo, el libro adapta elementos de Gnyaana Yoga al inicio del texto por dos razones: primero, para conectar con los lectores demostrando las similitudes entre el Vedanta y sus estudios científicos, y segundo, para mostrar que muchos lectores ya están preparados para seguir el camino hacia la Infinitud.

Ahora, comencemos nuestra exploración de Karma Yoga. A medida que comprendas la interrelación de los cinco Yogas y tu propia personalidad, estas enseñanzas identificarán las prácticas específicas que te ayudarán a perseguir la Infinitud de manera efectiva.

La Lógica y la Práctica de Karma Yoga

El objetivo principal de los cinco Yogas es alcanzar la Infinitud, o Moksham (liberación). Aunque este es el objetivo final, la práctica de estos Yogas también puede ayudar a alcanzar objetivos secundarios. Algunas personas pueden centrarse en estas prácticas principalmente con ese propósito.

El Vedanta enfatiza el cumplimiento racional de todas las aspiraciones humanas, que pueden clasificarse en tres objetivos secundarios:

1. Objetivos de Seguridad: Necesidades esenciales como comida, ropa, refugio y salud (Artham).
2. Objetivos de Comodidad: Comodidades materiales y lujos (Kaamam).
3. Objetivos de Riqueza Invisible: Acciones tomadas para recompensas en la vida futura (Dharmam / Punnyam).

El cuarto objetivo, la búsqueda última para todos, es la liberación a través de la fusión con la Conciencia Infinita (Moksham). Colectivamente, estos objetivos se conocen como Purushartham (Purusha-Artham), donde "Purusha" significa "ser humano" y "Artham" significa "propósito significativo".

Si bien los individuos naturalmente persiguen estos objetivos, priorizar el cuarto objetivo no elimina los demás. Hacer esta transición hacia el enfoque en la liberación es un proceso gradual, ya que representa un cambio de perseguir objetivos hacia un 'convertirse' subjetivo, que implica dejar ir deseos no cumplidos. Este cambio requiere una reorganización significativa de los patrones de pensamiento de la persona.

Una Evaluación del Deseo

Para comenzar este cambio, empieza por evaluar tus deseos para entender los diferentes aspectos de tu personalidad. Aunque tu intelecto pueda predominar, es importante abordar todas las partes de ti mismo/a. La búsqueda del cuarto objetivo humano implica confrontar los deseos no cumplidos, sin importar su origen.

No te preocupes si esta tarea parece abrumadora. Así como perder peso requiere un cambio gradual en la dieta y el ejercicio, la búsqueda de la Infinitud implica modificar tanto tu cuerpo físico como el sutil, lo cual lleva tiempo y compromiso.

Categoriza tus deseos según las capas de tu personalidad: Intelectual, mental, activa y física. Comenzarás a notar ciertos deseos que surgen consistentemente, lo que indica tus tendencias innatas—conocidas en el Vedanta como Swa-Dharma, o "la naturaleza propia de uno". Idealmente, tu profesión debería alinearse con tu Swa-Dharma, y si no lo está, busca formas de realinear tu carrera sin poner en riesgo tu estabilidad financiera o relaciones personales.

Esta alineación es crucial porque, incluso al centrarte en la búsqueda de la Infinitud, seguirás reteniendo muchos objetivos secundarios. Concéntrate en aquellos que contribuyen a tu desarrollo personal y minimiza los menos significativos.

Establece metas realistas y desinteresadas basadas en los deseos que has identificado. Estas deberían conectarse idealmente con tu profesión en un campo que beneficie a la humanidad. Un objetivo desinteresado puede ser variado; no tiene que ser singular ni universal. Si está alineado con tus tendencias innatas, puedes perseguir múltiples objetivos simultáneamente.

Establecer metas desinteresadas es clave para aprovechar tu intelecto en la gestión de los deseos. Tu intelecto actúa como el guía, ayudándote a priorizar los objetivos de orden superior sobre los caprichos pasajeros. A medida que avances, exploraremos el papel del intelecto en el establecimiento y logro de estas metas.

Tres Temperamentos Mentales y Tres Acciones

En el capítulo anterior, introdujimos los tres temperamentos mentales (Gunas)—Saatvik, Rajasik y

Tamasik—cada uno correspondiente a propiedades intrínsecas del universo: Conocimiento, Acción e Inercia. Todos los individuos poseen elementos de cada temperamento, pero su personalidad general está definida por cuál predomina.

1. Saatvik Guna: Representa el Conocimiento.
2. Rajasik Guna: Representa la Acción.
3. Tamasik Guna: Representa la Inercia.

Comprender la dominancia de estos temperamentos es esencial para la autoevaluación, ayudando a las personas a identificar patrones de comportamiento y áreas de mejora.

Action Categories:

1. Acciones Desinteresadas (Uttama Karma)

Ligadas al temperamento Saatvik, estas acciones priorizan el bienestar social sobre la ganancia personal. Aquellos que realizan Uttama Karma son calmados y serenos, tomando decisiones basadas en el intelecto en lugar de las emociones. Encuentran la felicidad al perseguir metas desinteresadas.

2. Acciones Egoístas (Madhyama Karma)

Asociadas con el temperamento Rajasik, estas acciones se enfocan en intereses personales y beneficios materialistas. Aunque no son perjudiciales, no avanzan en la búsqueda espiritual de una persona.

Los individuos Rajasik a menudo tienen mentes turbulentas y actúan impulsados por los deseos, experimentando estrés y ansiedad en sus actividades.

3. Acciones Injustas (Adhama Karma)

Vinculadas al temperamento Tamasik, estas acciones reflejan una noción equivocada de la rectitud, llevando a los individuos a dañar a otros por ganancia egoísta. Los que realizan Adhama Karma carecen de propósito y responsabilidad, convirtiéndose en una carga para los que los rodean.

Estas categorías ilustran cómo el temperamento influye en el comportamiento y el desarrollo espiritual.

Compromiso con Acciones Desinteresadas

Cada persona tiene una combinación de temperamentos Saatvik, Rajasik y Tamasik. Sin embargo, se puede reducir la influencia de los temperamentos inferiores estableciendo metas alineadas con el Swa-Dharma (la naturaleza propia), lo cual requiere de acciones desinteresadas—conocidas como Uttama Karma. Al enfocarse en estas metas desinteresadas, se asegura que se pase más tiempo en actividades significativas, dejando poco espacio para deseos triviales, que tienden a desvanecerse con el tiempo. A medida que desarrollas este hábito, los deseos inferiores se volverán menos frecuentes, permitiendo que el temperamento Saatvik, asociado con el conocimiento y el intelecto, predomine.

A medida que tu intelecto se fortalece, tus acciones estarán menos motivadas por deseos inferiores. Perseguir las metas del Swa-Dharma fomenta un sentido de desapego (Vairagyam), esencial para alcanzar el Infinito. Este hábito genera impulso y mejora tu capacidad para discernir entre los aspectos superiores e inferiores, mejorando tu discriminación (Vivekam), lo cual es vital para el Gnyaana Yoga.

Estos avances pueden ocurrir incluso sin un enfoque directo en el Infinito; al concentrarse en las metas secundarias, aún se progresa hacia él.

Recuerda la fórmula de la felicidad:

$$\%\ \textit{de Felicidad} = \frac{\textit{(Número Total de Deseos Satisfechos}}{\textit{Número Total de Deseos Entretenidos)}} X\ 100$$

Al practicar Karma Yoga, puedes aumentar el numerador (cumpliendo las metas del Swa-Dharma) y disminuir el denominador (eliminando los deseos inferiores), lo que lleva a una mayor felicidad y una personalidad más refinada. El Upaasana Yoga puede mejorar aún más este refinamiento.

Continuar con esta práctica teniendo a Brahman, o Infinito, como tu meta te ayudará a reducir los deseos egocéntricos y a ver los resultados de tus acciones como regalos divinos.

Karma Yoga se trata de dedicar las acciones correctas (Arpanam) a las leyes universales (Eeshwaraa) y recibir sus resultados (Karma Phalam) con la actitud de regalos divinos (Eeshwara Prasaadam).

A medida que te involucras en esta práctica, tu mente se volverá más pura y libre de deseos inferiores, lo que le permitirá trabajar junto con tu intelecto para lograr los objetivos humanos (Purushartham). Este refinamiento fortalecerá tu deseo de Infinito (Mumukshatvam) y te preparará para el Gnyaana Yoga.

Las Cinco Acciones Sacrificiales

En el antiguo período védico, Vedanta introdujo el Pancha Maha Yagnya, o las Cinco Acciones Sacrificiales, que todavía pueden mejorar las prácticas modernas de Uttama Karma. Estas acciones son:

1. Apelación al Infinito (Daiva Yagnya)

Reconocer la vastedad de Brahman, la Conciencia Infinita. Acércate a ella con humildad y sinceridad, deseando el bienestar de todos los seres vivos y objetos, utilizando el poder del pensamiento en lugar de ofrendas materiales.

2. **Homenaje a los Ancestros (Pitru Yagnya)**

Reconocer los roles de tus padres y ancestros en tu vida. Muestra gratitud tratándolos con cariño y realizando rituales védicos para aquellos que han partido, honrando sus contribuciones.

3. **Devoción a los Sabios (Rishi Yagnya)**

Reverencia a los sabios desinteresados que autoraron los textos védicos. Asume el deber de preservar y compartir su sabiduría para las generaciones futuras.

4. **Servicio Social (Manushya Yagnya)**

Involúcrate en acciones que eleven a la humanidad. Con la creciente disparidad de riqueza, promueve iniciativas educativas para cerrar la brecha entre ricos y pobres, enfatizando las necesidades humanas básicas.

5. **Protección del Medio Ambiente (Bhuutha Yagnya)**

Reconocer tu conexión con el ecosistema global. Concédele importancia a reducir las emisiones de gases de efecto invernadero y consumir recursos de manera consciente para apoyar la preservación ambiental.

Con esta visión general de las Cinco Acciones Sacrificiales, concluimos nuestra discusión sobre Karma Yoga. En el próximo capítulo, exploraremos Bhakti Yoga, un aspecto vital de toda práctica de Yoga.

Capítulo 10

Bhakti Yoga

Ahora que hemos hablado sobre el Karma Yoga, nos dirigimos al Bhakti Yoga, una práctica vital que, paradójicamente, no existe realmente. Esta contradicción se hará más clara a medida que profundicemos en este capítulo y en los siguientes.

La Lógica y la Práctica del Bhakti Yoga

Bhakti se traduce como "devoción a Dios" o "devoción al Brahman Infinito". La devoción se asemeja al amor, un flujo continuo de pensamientos dirigidos hacia un objeto o ser, fomentando un sentido de unidad. Esencialmente, la devoción es amor dirigido a un principio superior.

Este amor también puede extenderse a deidades, maestros (Gurus), naciones, padres o cualquier persona que se veneres. Entender la emoción del amor aclarará el concepto de devoción (Bhakti) y el significado del Bhakti Yoga.

Grados del Amor

Cuando estableces metas en la vida, el amor juega un papel crucial. Estableces metas porque deseas sus resultados, y aprecias los métodos que te ayudan a alcanzarlas. Tu búsqueda de estas metas proviene del amor propio, lo que te impulsa a buscar lo que valoras.

Sin embargo, la intensidad del amor varía en diferentes aspectos. Tu amor por los medios para alcanzar una meta es menos intenso que tu amor por la meta misma, lo que, a su vez, es menos intenso que tu amor por ti mismo/a. Una vez que alcanzas una meta, tu apego a los medios se desvanece y tu enfoque se desplaza hacia nuevas metas.

Por ejemplo, recuerda tu primera relación: el amor que sentiste por las acciones realizadas para vincularte con tu pareja, la profundidad de tus sentimientos hacia esa persona, y cómo, después de que terminó la relación, tu enfoque se desplazó a encontrar una nueva pareja.

En todas las búsquedas, hay un gradiente en la intensidad del amor: un amor tenue por los medios (Mandha Premam), un amor moderado por las metas (Madhyama Premam), y un amor superior por ti mismo/a (Utthama Premam).

Amor, Devoción y Dios

Diferentes formas de amor pueden ayudarnos a entender las diversas intensidades de la devoción a Dios, las cuales están influenciadas por cómo percibimos a Dios en relación con nosotros/as mismos/as y con el Infinito.

La mayoría de las personas ve a Dios como un medio para lograr metas materiales y emocionales para sí mismos, lo que se denomina Devoción Egoísta o Tonta (Mandha Bhakti). Un grupo más pequeño ve a Dios como el objetivo último, creyendo que alcanzarlo les traerá paz y felicidad. Aunque esto es más admirable, el Vedanta lo denomina Devoción Mediocre (Madhyama Bhakti).

Solo unas pocas personas experimentan la Devoción Suprema (Utthama Bhakti), donde ven a Dios, el Brahman Infinito, como fundamentalmente uno con ellos mismos. En este nivel, la devoción trasciende los fines materiales o incluso la meta de alcanzar a Dios.

Bhakti Yoga, Que No Existe

En el capítulo anterior, hablamos sobre el Karma Yoga, una disciplina esencial para alcanzar los objetivos humanos, incluyendo el Moksha, o la fusión con la Conciencia Infinita. El Bhakti Yoga, el camino de la devoción, no es una práctica independiente, sino una combinación de Karma Yoga, Upaasana Yoga y Gnyaana Yoga practicados en un ambiente de devoción.

Aunque la Bhagavad Gita tiene un capítulo dedicado al Bhakti Yoga, enfatiza que Bhakti es la combinación de los tres Yogas, no una práctica separada. En el Karma Yoga, la devoción se muestra dedicando las acciones a Dios y aceptando los resultados como regalos. De manera similar, el Upaasana Yoga y el Gnyaana Yoga se practican con el mismo espíritu de devoción.

Así, en todas estas prácticas, la devoción es integral, y juntas forman lo que podemos llamar Bhakti Yoga.

Bhakti Yoga en la Práctica

Incluso sin prácticas explícitas de Bhakti Yoga, ciertas cualidades pueden ayudarnos a reconocer los diferentes niveles de devoción. El grado de devoción de una persona hacia Dios a menudo refleja su comprensión de Dios como el objeto de esa devoción.

Vedanta define a Dios de tres maneras, basadas en el temperamento mental y la capacidad intelectual:

1. Eka Roopa Eeshwara Bhakti—"devoción a Dios con una sola forma": Los principiantes suelen ver a Dios como el creador del universo, visualizándolo como una entidad específica a la que pueden entregarse.

2. Aneka Roopa Eeshwara Bhakti o Vishwa Roopa Eeshwara Bhakti—"devoción a Dios con muchas formas": A medida que uno progresa, comienza a cuestionar la fuente de los materiales utilizados para la creación, dándose cuenta de que toda la materia es un aspecto de Dios, adoptando así una comprensión más amplia de la divinidad.

3. Aroopa Eeshwara Bhakti—"devoción a un Dios sin forma": Un avance adicional lleva a indagaciones más profundas sobre la existencia del sufrimiento y la injusticia. El Vedanta aclara que Dios no es solo el universo, sino la Conciencia pura detrás de él, que se manifiesta como las diversas formas del universo.

A este nivel, puedes adorar tanto al Dios sin forma como a las diversas formas de Dios. La Aroopa Bhakti incluye tanto la Eka Roopa como la Aneka Roopa Bhakti.

Estos tres niveles representan la naturaleza evolutiva de la devoción experimentada a través del Karma Yoga, Upaasana Yoga y Gyaana Yoga, que en conjunto componen el Bhakti Yoga.

En los próximos capítulos, exploraremos el Upaasana Yoga y el Gyaana Yoga, aclarando aún más el concepto de Bhakti Yoga.

Capítulo 11

Upaasana Yoga

En la discusión sobre el Karma Yoga, enfatizamos la interdependencia de las diferentes formas de Yoga. Es crucial practicar estos de manera deliberada y en combinación, en lugar de simplemente saltar al final.

Esto es especialmente relevante al considerar las Cuatro Cualificaciones. Mientras que el Karma Yoga fortalece los primeros tres requisitos—Desapego, Discernimiento y el Intenso Deseo Ardiente por la Infinitud—el Upaasana Yoga aborda el cuarto: la Riqueza de Seis Aspectos (Shatka Sampathi), que incluye:

- Mente Ecuánime
- Regulación de los Sentidos
- Mente Retirada
- Resiliencia Mental

- Fe Intelectual
- Concentración

El Upaasana Yoga ayuda a cultivar estas cualidades, preparándote mejor para perseguir los cuatro objetivos humanos (Purushartham), especialmente el objetivo final de la fusión con la Infinitud (Brahman).

La aptitud mental es crucial en este camino. Típicamente, muchas personas aceptan la agitación mental constante y el estrés como algo normal. El Upaasana Yoga sirve como un ejercicio de descondicionamiento para refinar toda tu personalidad y hacer más eficiente la búsqueda de tus metas.

Requisitos para Practicar el Upaasana Yoga

La práctica eficaz de Yoga requiere que tanto el Cuerpo Grueso como el Cuerpo Sutil estén despiertos y funcionales. Aunque el Upaasana Yoga se centra principalmente en refinar el Cuerpo Sutil, la salud del Cuerpo Grueso también es importante, ya que es una extensión del Cuerpo Sutil.

No vamos a discutir rutinas específicas de acondicionamiento físico aquí, pero prácticas como el Hatha Yoga y el Pranayama pueden ayudar a refinar el Cuerpo Grueso.

Un requisito importante antes de practicar Upaasana Yoga es refinar tu habla, conocido como descondicionamiento verbal o austeridad del habla (Vaak-Tapas). Esto implica evitar causar daño con tus palabras y promover la buena voluntad.

Como sugiere el texto tamil **Thiru-Kural**: "Una herida de fuego puede sanar, pero una herida de palabras crueles persiste". El abuso verbal debe minimizarse para mantener la paz mental. Aunque a veces las palabras fuertes puedan ser necesarias, es importante desarrollar métodos para comunicarte eficazmente sin recurrir a un lenguaje dañino.

Evitar el habla dañina no es suficiente; también debes cultivar un habla agradable, educada y atractiva. En última instancia, tu búsqueda es el Brahman, la Verdad Absoluta, que solo puede alcanzarse a través del compromiso con la Verdad Relativa—esforzándote por evitar las mentiras.

A medida que refines tu mente, te volverás sensible a la deshonestidad y sus efectos. Los logros obtenidos a través de mentiras causarán agitación, mientras que los logrados mediante la verdad traerán felicidad. En casos excepcionales, donde una mentira pueda servir a una causa noble, los actos compensatorios (Praaya-Chittam) pueden ser necesarios para equilibrar su impacto.

Al refinar tu habla para alinearla con estas pautas, darás un paso importante hacia el descondicionamiento de ti mismo/a y establecerás tu práctica de Upaasana Yoga.

Antes de explorar la lógica y la práctica del Upaasana Yoga, es crucial reiterar un punto clave. Se han introducido varios métodos y términos sin explicaciones detalladas, ya que el objetivo principal de este libro es familiarizarte con estos conceptos, más que profundizar en extensas discusiones sobre cada idea. Para una mayor exploración, el capítulo final proporciona un correo electrónico para referencias adicionales y recomendaciones relacionadas con el Vedanta.

La Lógica y la Práctica del Upaasana Yoga

Refinar la mente comienza con mantener un cuerpo saludable y practicar la disciplina verbal, ambos esenciales para el desarrollo mental, el propósito principal del Yoga de Upaasana. Este refinamiento es un medio para un fin más grande: la búsqueda de la Infinitud, o Brahman.

La Meditación Verdadera es la capacidad de enfocar la mente en un solo pensamiento durante un período prolongado, excluyendo todas las distracciones. El Yoga de Upaasana prepara la mente para esta forma avanzada de Meditación.

El Significado de Upaasana

La concentración se define como la capacidad del intelecto para mantener la mente involucrada en las actividades presentes. Aunque todos tienen alguna capacidad de concentración, su duración varía entre los individuos y está influenciada por la fuerza del intelecto de cada persona. El Yoga de Upaasana puede ayudarte a extender gradualmente tu enfoque y capacidad de atención.

El término Upaasana significa "sentarse cerca." Está relacionado con "Upavaasam," que significa "morir" o "habitar."

[Nota: El Yoga de Upaasana a menudo es sinónimo de Ashtaanga Yoga, que se ha comercializado. Este libro se centrará en el Yoga de Upaasana.]

Entonces, ¿qué es lo que estamos sentados o morando cerca cuando practicamos este Yoga?

El Yoga de Upaasana consiste en usar tu intelecto para guiar tu mente a enfocarse en pensamientos de Brahman, la Realidad Infinita. Esta práctica ayuda a descondicionar tu mente del caos y la prepara para experimentar la Infinitud.

Incluso aquellos con intelectos fuertes pueden tener dificultades para mantener este enfoque durante largos períodos al principio. Sin embargo, todos, independientemente de su intelecto, pueden apartar unos minutos diarios para estos pensamientos, que son la esencia del Yoga de Upaasana. Con el tiempo, con un esfuerzo enfocado, tu mente se volverá más hábil en morarse en Brahman.

Curiosamente, los practicantes avanzados que se concentran en Brahman la mayor parte del día pueden llegar a estar tan absorbidos que descuidan necesidades básicas como comer. Así es como 'Upavassam' llegó a significar "ayuno," a menudo eclipsando su significado primario relacionado con Brahman.

Practicando el Yoga de Upaasana

Para practicar el Yoga de Upaasana, comienza con solo cinco a quince minutos. El mejor momento para esta Meditación es temprano en la mañana, cuando tu mente está tranquila.

1. Elige un Espacio Tranquilo: Encuentra un lugar limpio y apartado para sentarte cómodamente con el cuerpo erguido y los ojos cerrados.
2. Retira las Actividades Sensoriales: Desconéctate gradualmente de los cinco sentidos (Gnyaana Indriya Nigraham) y de las acciones (Karma Indriya Nigraham).
3. Enfócate en el Presente: Usa tu intelecto para dejar a un lado las preocupaciones del pasado y las ansiedades del futuro (Mano Nigraham).

4. Practica Pranaayamaa: Dedica de dos a cinco minutos a enfocarte en tu respiración. Esto regula tu mente y te prepara para la Meditación.

Practicar el Yoga de Upaasana de esta manera estructurada ayudará a aumentar tu capacidad de concentración con el tiempo.

Una vez que hayas practicado Pranayama durante unos minutos y hayas logrado una mente tranquila y equilibrada, estarás listo para comenzar el Yoga de Upaasana con una de las Meditaciones preparatorias descritas a continuación. Estos resúmenes introducen cada Meditación, y se dispone de un recurso de Meditación guiada a solicitud por correo electrónico, el cual se encuentra al final de este libro.

Meditación de Relajación

El objetivo de la Meditación de Relajación es relajar todo tu ser.

Comienza relajando tu cuerpo físico. Visualiza cada parte, desde tu cabeza hasta los pies, permitiéndote liberar la tensión. Inicialmente, puedes sentir el peso de tu cuerpo, pero esto gradualmente se transformará en una sensación de ligereza, como si te hubieras retirado completamente de él.

A medida que tu cuerpo se relaja, observa cómo tu respiración se vuelve calmada y regulada. Observa tu inhalación y exhalación mientras permaneces en este estado relajado.

Luego, enfócate en relajar tu mente. Esto puede ser desafiante, ya que la mente a menudo se distrae con pensamientos del pasado o del futuro debido al estrés. El estrés surge de la agitación mental provocada por deseos competentes que buscan gratificación inmediata.

En tu postura meditativa, afirma que estos deseos generadores de estrés provienen de la ignorancia. Recuerda que al fortalecer tu intelecto, puedes gestionar estos deseos sin necesidad de satisfacerlos de inmediato.

Cuando tu mente se distraiga, guíala suavemente de vuelta al presente sin autocrítica. Acepta que no puedes controlar el pasado y concéntrate en el momento, permitiendo que el futuro se desarrolle de forma natural.

Visualizar un entorno natural sereno puede mejorar tu relajación. Apunta a una práctica constante de Meditación de Relajación comenzando con cinco minutos, y gradualmente aumentando a diez o quince. La práctica regular ayudará a reducir el estrés y fomentará un estado relajado incluso fuera de la Meditación.

Una vez que establezcas una rutina constante, estarás listo para pasar a la Meditación de Concentración.

Meditación de Concentración

La Meditación de Concentración está diseñada para mejorar tu capacidad de atención, permitiéndote enfocarte en una actividad presente hasta su finalización, sin distracciones del pasado o del futuro.

Existen tres métodos para practicar la Meditación de Concentración:

1. **Ritual Mental (Adoración Mental)**: Elige una deidad de cualquier religión y realiza mentalmente los rituales prescritos sin distracciones. Por ejemplo, si sigues al Señor Shiva, te sentarías en una postura meditativa y completarías mentalmente los rituales asociados con el *Shiv Maanasa Pooja*.
2. **Recitación Mental**: Selecciona una oración que dure de diez a quince minutos y recítala mentalmente de principio a fin sin reflexionar sobre su significado. Esto se llama *Maanasa Paaraayanam*.
3. **Canto Mental (Mantram)**: Elige un Mantram poderoso relacionado con Brahman, como "Om Namah Shivaayam", y cántalo mentalmente durante diez a quince minutos. Esta práctica se conoce como *Maanasa Japam*.

Puedes realizar cualquiera de estos métodos individualmente o en secuencia, lo que ayuda a refinar tu mente y te prepara para la siguiente etapa: **Meditación Macrocosmica.**

Meditación Macrocosmica

A diferencia de la Meditación de Concentración, la Meditación Macrocosmica se enfoca en la vasta extensión del cosmos.

Comienza visualizando el universo, comenzando desde las partículas subatómicas, luego pasando a los microorganismos, plantas, animales, tu propia existencia, el mundo natural, la Tierra, nuestro Sistema Solar, la Vía Láctea, las galaxias cercanas y, finalmente, el universo observable.

Reconoce que el Infinito Brahman impregna todo esto, y visualiza tu individualidad como una pequeña mota dentro del cosmos, que a su vez es parte del Infinito Brahman.

Practicar la Meditación Macrocosmica, o *Vishwa Roopa Eeshwara Dhyaanam,* transformará tu perspectiva, ayudándote a ver la unidad en todos los seres y objetos. Apunta a practicarla durante veinte a treinta minutos diariamente, ya que te prepara para la Meditación Transformadora.

Meditación Transformadora

Independientemente de cuán diligente practiques las Meditaciones anteriores, si tu ser interior está cargado de patrones de pensamiento negativos y deseos, tus esfuerzos pueden ser en vano. Tenemos personalidades complejas, que combinan tanto rasgos buenos como malos. Esta conciencia es inevitable, ya que aquellos con intelectos fuertes pueden encontrar sus defectos más evidentes, mientras que otros pueden sentir una sensación persistente de conciencia.

La Meditación Transformadora se enfoca en evaluar tu ser interior. Durante esta práctica, identifica los rasgos negativos y elige conscientemente descartarlos, deteniendo el flujo de pensamientos que los alimenta. Tus pensamientos moldean tu mente; al cortar el apoyo a los aspectos negativos, puedes eliminarlos de tu personalidad.

En lugar de eso, medita en la creencia de que una mente refinada y positiva es esencial para la verdadera paz y felicidad, independientemente de las posesiones materiales.

Los pensamientos tienen el poder de moldear la realidad, conocido como *Sankalpa Shakti*. Al nutrir constantemente pensamientos positivos y visualizarte transformado, puedes cambiar tus patrones de pensamiento y gradualmente remodelar tu personalidad.

Estas cuatro Meditaciones preparatorias son parte del Yoga de Upaasana. Practicarlas solo unos minutos al día puede llevarte a la *Shatka Sampathi* (Riqueza de Seis Aspectos), preparándote para el Yoga de Gnyaana.

Es importante señalar que no hay jerarquía entre el Karma Yoga y el Upaasana Yoga; no necesitas completar uno antes de comenzar el otro. Idealmente, deberías establecer una práctica en ambos antes de explorar el Yoga de Gnyaana, pero también es aceptable comenzar el Yoga de Gnyaana mientras progresas en los otros dos.

Capítulo 12:

Yoga de Gnyaana

Después de establecer una práctica disciplinada de Karma Yoga y Upaasana Yoga, estás listo para abrazar el Gnyaana Yoga—el Camino del Conocimiento.

El Gnyaana Yoga es un método riguroso para alcanzar el Conocimiento del Infinito Brahman, o el Conocimiento del Ser, lo cual conduce al Moksham, el cuarto objetivo humano, otorgando libertad de la dependencia de seres y objetos mundanos. Estas dependencias provienen de los tres primeros objetivos—seguridad física, confort material y riqueza invisible—que, al estar atados al mundo exterior, inherentemente implican sufrimiento y una sensación de incompletitud.

Al alcanzar el Moksham, te conviertes en uno con el Infinito Brahman y alcanzas un estado no afectado por las circunstancias externas. Aprenderás a aceptar situaciones inmutables sin temor y a actuar de manera efectiva en las áreas de tu vida que requieren cambio, guiado por un intelecto fuerte.

La Lógica y Práctica del Gnyaana Yoga

Para obtener el Conocimiento del Ser—la Conciencia Infinita—necesitas una fuente de conocimiento (*Pramaanam*). Para el conocimiento objetivo, dependemos de:

- Percepciones sensoriales—nuestra fuente primaria.
- Inferencias—nuestra fuente secundaria.

Aunque la percepción y la inferencia proporcionan un conocimiento valioso sobre el universo, no pueden revelar directamente el Ser—la Conciencia Pura interior. Para eso, necesitas las Escrituras Vedánticas, incluyendo la Bhagavad Gita, los Upanishads y los Brahma Sutras como fuentes de Conocimiento.

Gnyaana Yoga en la Práctica

Estudiar estas escrituras de manera sistemática es esencial para adquirir el Conocimiento del Ser, un proceso conocido como Gnyaana Yoga. Consiste en tres etapas:

- **Shravanam**: Aprender las Escrituras Vedánticas.
- **Mananam**: Reflexionar sobre las Escrituras Vedánticas.

- **Nidhi-Dhyaa-Sanam**: Meditación Vedántica.

En Shravanam, comprender los textos Vedánticos requiere la orientación de un maestro competente o *Guru,* de manera similar a cómo un piloto de combate pasa por un riguroso entrenamiento bajo instructores calificados antes de estar completamente capacitado.

Shravanam implica un estudio sistemático de las Escrituras Vedánticas durante un período prolongado bajo la guía de un *Guru* calificado. Tu *Guru* te proporcionará un horario de estudio establecido, y es importante adherirse a él mientras resistes el impulso de buscar aclaraciones inmediatas sobre las dudas que puedas tener. Muchos textos están escritos en un estilo conversacional y abordarán tus preguntas a medida que progreses.

Aunque está bien hacer preguntas si tienes curiosidad Intelectual, las Escrituras Vedánticas eventualmente proporcionarán respuestas, abarcando conceptos esenciales relacionados con la existencia individual, el universo, Dios (Brahman), la relación entre los tres, la salvación (Moksham) y los métodos para alcanzar Moksham.

Después de completar el Shravanam, procederás a Mananam, la etapa de reflexión. Aquí, se te anima a pensar de manera independiente y aplicar tu intelecto para aclarar cualquier duda que te quede.

Si es necesario, puedes discutirlas con tu *Guru*, pero principalmente debes buscar solidificar tu comprensión a través de la reflexión personal.

La etapa final, Nidhi-Dhyaa-Sanam (Meditación Vedántica), implica asimilar el conocimiento adquirido a través de Shravanam y Mananam. Este proceso se ve potenciado por el Karma Yoga y el Upaasana Yoga previamente practicados, que ayudan a preparar la mente. La Meditación Vedántica sirve para alinear tu conocimiento de Vedanta con tu ser presente, liberándote gradualmente del condicionamiento emocional y conduciéndote a convertirte en un Gnyaana Nishtaa, firmemente establecido en la sabiduría Vedántica.

La transformación del Conocimiento Vedántico a la Sabiduría Vedántica involucra varios componentes clave.

Primero, continúa estudiando los textos Vedánticos y limita tus asociaciones solo a otros vedantistas a través de una práctica llamada Sat-Sangam. Esta alineación asegura que los estímulos externos reflejen una forma de vida Vedántica, minimizando las posibilidades de que resurjan los condicionamientos pasados. Con el tiempo, dejarás de reaccionar basándote en viejos hábitos, lo que permitirá que tu intelecto esté más accesible en todo momento—antes, durante y después de las acciones.

A medida que tus acciones sean guiadas por las enseñanzas Vedánticas en lugar de los condicionamientos pasados, podrás aplicar este Conocimiento sin esfuerzo cuando sea necesario.

¿Recuerdas las Meditaciones Preparatorias del Upaasana Yoga? Ellas entrenaron tu intelecto para enfocar tu mente durante sesiones cortas. En la Meditación Vedántica, la mayor parte de tu día se centrará en contemplar los principios Vedánticos. Con una mente e intelecto purificados, mantener la concentración será más fácil, llevando a una alineación más profunda entre ambos. Eventualmente, tus pensamientos se alejarán del mundo exterior, dedicando tu vida consciente a la contemplación Vedántica.

Esta progresión involucra tres etapas del Gnyaana Yoga: Shravanam (confiando en tu *Guru*), Mananam (usando tu intelecto con apoyo) y Nidhi-Dhyaa-Sanam (volviéndote autosuficiente). En esta etapa avanzada, enfocarás tu mente en el Infinito Brahman bajo la observación continua de tu intelecto, excluyendo todos los demás pensamientos.

¿Qué sucede con tu personalidad al alcanzar este estado elevado? Lo discutiremos en el siguiente capítulo.

Capítulo 13

El "Tú en Mí" es el "Tú en Todo"

Este capítulo explora la premisa central de la filosofía Vedántica, "El Tú en Mí"—fusionarse con el Infinito. Todos los temas del libro conducen a este momento, donde examinaremos la transformación que experimentas al alcanzar este estado, alcanzable a través de una práctica avanzada de Meditación conocida como Nidhi-Dhyaa-Sanam, la tercera etapa del Gnyaana Yoga.

A medida que te dedicas a la práctica Vedántica con diligencia, te sumergirás cada vez más en pensamientos sobre el Infinito Brahman. Este estado, llamado Nithya Anithya Viveka Vichaaram, se refiere a la "contemplación constante del Permanente, Infinito Brahman, mientras se niegan los aspectos Impermanentes del Mundo". Alcanzar este estado te permite fusionarte con el Infinito.

Haremos referencia a los capítulos anteriores sobre Conciencia y Creación, y volver a esos conceptos junto con este capítulo profundizará tu comprensión.

Reflexiones Macrocosmicas y Microcosmicas del Infinito

Discutimos el proceso de la Creación en dos fases: el Universo Causal da lugar al Universo Sutil y al Cuerpo Sutil, que luego conducen al Universo Grueso y al Cuerpo Grueso. Juntas, estas entidades forman el Universo Observable, o Macrocosmos (*Brahmaandam*). De manera similar, los Cuerpos Causal, Sutil y Grueso se combinan para crear el Individuo, conocido como el Microcosmos (*Pindaandam*).

La fusión del Universo Macrocosmico (*Eeshwara*) y el Individuo Microcosmico (*Jeevaa*) se denomina **Jeevaa Eeshwara Aikyam**, que significa "Tú te fusionas con el Universo", sabiduría absoluta de la declaración, *"El Tú en Mí, siempre..."*

Comprendiendo los Componentes

El Macrocosmos consta de:

- Universo Causal (*Kaarana Prapancham*)
- Universo Sutil (*Shookshma Prapancham*)
- Universo Grueso (*Sthoola Prapancham*)

Tanto el Universo Sutil como el Grueso comienzan con el Big Bang y terminan con el Big Crunch o Big Rip, mientras que el Universo Causal es atemporal.

De manera similar, el Microcosmos comprende:

- Cuerpo Causal (*Kaarana Shareeram*)
- Cuerpo Sutil (*Shookshma Shareeram*)
- Cuerpo Grueso (*Sthoola Shareeram*)

Tanto el Cuerpo Sutil como el Grueso también siguen el mismo ciclo. A pesar de sus diferencias, todos los seis componentes están compuestos materialmente.

Atributos del Infinito sin Atributos

Estos seis componentes están permeados por la Conciencia. Todos los seres vivos, a través del cuerpo sutil, exhiben Conciencia, y los objetos inertes expresan Conciencia a través de su mera existencia. El reconocimiento de cualquier objeto surge del pensamiento, que debe derivar la Conciencia de la fuente original.

Así, estos componentes sirven como medios para reflejar la CONCIENCIA Infinita, Absoluta, Pura y Omnipervadente. Conocida como Nirguna Brahman, esta Conciencia Infinita carece de atributos, pero parece adquirirlos a través de los seis componentes Macrocosmicos y Microcosmicos.

Por interés académico, la Conciencia Infinita Pura se denomina Bimba Chaitanyam, mientras que la Conciencia reflejada se llama Prathi Bimba Chaitanyam.

La Conciencia Infinita es sin atributos, sin embargo, la Conciencia reflejada parece tener atributos. Esto se puede comparar con una casa de espejos en un carnaval, donde la misma forma física se distorsiona en diferentes representaciones sin cambiar su verdadera naturaleza.

Cada uno de los seis componentes materiales del Macrocosmos y Microcosmos refleja una expresión distorsionada única de la Conciencia Infinita. El

Vedanta describe las reflexiones Macrocosmicas de la siguiente manera:

- Antaryaamee: Conciencia reflejada a través del Universo Causal
- Hiranya-Garbhaa: Conciencia reflejada a través del Universo Sutil
- Viraat: Conciencia reflejada a través del Universo Grueso

Juntos, los Universos Causal, Sutil y Grueso forman el Brahmaandam, el Universo Macrocosmico. *El aspecto de la Conciencia Pura reflejada a través del Brahmaandam es conocido como Eeshwaraa.*

Las reflexiones Microcosmicas se describen de la siguiente manera:

- Praagnya: Conciencia reflejada a través del Cuerpo Causal
- Taijasaa: Conciencia reflejada a través del Cuerpo Sutil
- Vishwaa: Conciencia reflejada a través del Cuerpo Grueso

Estos forman Pindaandam, el Individuo Microcósmico. El aspecto de *la Conciencia Pura reflejada a través del Pindaandam es conocido como Jeevaa.*

Aunque Jeevaa y Eeshwara adquieren atributos a través de la reflexión, la Conciencia Infinita en sí misma permanece inmutable y sin distorsión.

Atributos de Jeevaa

Los atributos de Jeevaa generalmente se consideran inferiores a los de Eeshwara debido a factores como limitaciones físicas, influencias externas y susceptibilidades emocionales. Colectivamente, estos atributos inferiores se llaman Nikrushta Guna.

Atributos de Eeshwara

En contraste, los atributos de Eeshwara se consideran superiores debido a su naturaleza omnipervadente y al perfecto orden que mantienen en el universo. Estos atributos superiores se conocen como Uthkrushta Guna.

El Infinito: El Atributo sin Atributos del Macrocosmos y Microcosmos

Eeshwara encarna Atributos Superiores, mientras que Jeevaa refleja Atributos Inferiores. Las diferencias surgen de los seis medios distorsionadores y reflejantes que influyen en la percepción.

Al visualizar y eliminar estos medios reflectantes, uno puede reconocer la Conciencia Original que permanece. Jeevaa parece inferior cuando se ve a través de los Cuerpos Grueso, Sutil y Causal, mientras que Eeshwara parece superior a través de esos mismos lentes. Sin embargo, ambos son manifestaciones de la Conciencia Infinita Original, Brahman.

Las diferencias percibidas entre Eeshwara y Jeevaa son superficiales. Al ser examinados a través de sus naturalezas intrínsecas, son idénticos; ambos encarnan la misma Conciencia Infinita.

Una analogía útil es la relación entre el océano y una ola. Aunque distintas, ambas son fundamentalmente agua. La ola representa al Microcosmico Jeevaa, mientras que el océano simboliza al Macrocosmico Eeshwara. Los nombres y las formas difieren, pero su naturaleza esencial es la misma: agua.

Unirse con lo Infinito

Llegarás a esta comprensión en la última etapa del Gnyaana Yoga, llamada Nidhi-Dhyaa-Sanam. En este punto, después de estudiar los textos Vedánticos bajo la guía de un Guru y reflexionar sobre ellos, reconocerás que tu Jeevaa y Eeshwara comparten la misma naturaleza intrínseca.

A través de tu dedicación espiritual, convicción y reconocimiento de la Unidad con la Conciencia Original e Infinita, alcanzarás un estado de fusión con la Infinitud (Jeevaa Eeshwara Aikyam), convirtiéndote en un Gnyaana-Nishtaa—plenamente establecido en la sabiduría de la Conciencia pura, reconociendo "El Tú en Todo, Para Siempre..."

Hace muchos capítulos, introdujimos la fórmula de la felicidad mientras discutíamos la lógica detrás de capturar la Infinitud. Tal vez quieras revisar ese capítulo, ya que se conecta con nuestra exploración del Karma, Upaasana y Gnyaana Yoga.

A medida que perfecciones tu práctica yóguica, reducirás los deseos insatisfechos, lo que aumentará tu felicidad. Eventualmente, te enfocarás en un solo pensamiento: capturar la Infinitud.

En Nidhi-Dhyaa-Sanam, experimentarás una absorción total en el pensamiento de la Conciencia Original e Infinita. Con el tiempo, este pensamiento se volverá tan atenuado que se romperá, haciendo que el denominador en tu fórmula de felicidad sea cero. En ese momento, experimentarás una felicidad infinita y te fusionarás con la Conciencia Infinita, perdiendo tu individualidad y convirtiéndote en uno con Brahman. El Universo entero se reducirá a un pequeño punto dentro de ti.

A través de la práctica diligente del Gnyaana Yoga, alcanzarás el Gnyaana Phalam, el "beneficio último". Este Moksham consiste en dos partes: Jeevan Mukthi, liberación durante la vida, y Vidhaeha Mukthi, liberación después de la muerte. Jeevan Mukthi es la realización de la salvación total en esta vida, mientras que Vidhaeha Mukthi te permite romper el ciclo de nacimiento y muerte, otorgando libertad eterna.

A continuación, discutiremos la Ley de las Acciones Pasadas (Karma) y sus implicaciones para el Gnyaana Nishtaa—tanto en esta vida como después de la muerte física.

Capítulo 14

La Historia Sin Fin... Termina

Tu práctica de Gnyaana Yoga eventualmente conducirá a un estado meditativo sostenido, permitiéndote fusionarte con la Infinitud. En ese momento, serás conocido como un Gnyaana Nishtaa y lograrás dos tipos de liberación: Jeevan Mukthi, o liberación en la vida, y Vidhaeha Mukthi, o liberación después de la muerte.

Exploremos cómo estos conceptos se interconectan con la Ley del Karma, que rige el ciclo de nacimiento y muerte.

La Vida y Muerte de un Gnyaana Nishtaa

Para entender la Ley del Karma, primero debemos reconocer la experiencia de un Gnyaana Nishtaa que ha capturado la Infinitud. Este logro libera al individuo del ciclo de nacimiento y renacimiento.

Con esto en mente, discutimos Jeevan Mukthi, la liberación lograda en esta vida.

Jeevan Mukthi: Salvación en la Vida

Como Jeevan Mukthaa, logras total independencia en todos los niveles de tu ser:

- Nivel Físico: Permaneces indiferente a las circunstancias externas. Independientemente de si vives en lujo o en pobreza, tu felicidad permanece constante.
- Nivel Emocional: Los factores externos ya no alteran tu equilibrio mental. Mantienes objetividad y ecuanimidad en medio del caos emocional a tu alrededor.
- Nivel Intelectual: Las críticas y los intentos de deshonrarte no perturban tu compostura. Encarnas la independencia (Swathanthram) y experimentas la plenitud (Poornathwam).

Tu ecuanimidad surge de comprender que los cambios mundanos solo afectan los seis Medios Reflectantes y son percibidos por la Conciencia Reflejada. Te has identificado con la Conciencia Original e Infinita y, por lo tanto, no eres afectado por estos cambios.

Una vez que alcances Jeevan Mukthi, vivirás en un estado de felicidad infinita hasta tu muerte, momento en el cual lograrás Vidhaeha Mukthi.

Vidhaeha Mukthi: Libertad del Renacimiento

Al morir, eres liberado del ciclo del renacimiento, o Punar-Jenmam. Esta liberación está regida por la Ley del Karma, que significa "acción."

Para entender la Ley del Karma y cómo la fusión con el Infinito te ayuda a trascenderla, puedes revisar conceptos como la Riqueza Invisible (Buenos Actos o Punnyam) y ciertos principios de la física, incluyendo las Leyes de Newton y la Ley de Conservación de la Materia y la Energía.

Actos Invisibles: Entendiendo su Naturaleza y Efectos

Cada acción deliberada (Karma) que tomas produce dos tipos de efectos: Efectos Visibles (Dhrishta-Phalam) y Efectos Invisibles (Adhrishta-Phalam). "Dhrishta" significa "visible" y "Adhrishta" significa "invisible."

Por ejemplo, si realizas actos de caridad como proporcionar comida o refugio, reduces visiblemente tus recursos mientras mejoras el bienestar de los demás. Estos cambios tangibles son Dhrishta-Phalam. Simultáneamente, estas acciones también contribuyen a tu Riqueza Invisible, conocida como Punnyam. Por el contrario, las acciones dañinas generan efectos invisibles negativos llamados Paapam.

La distinción entre Punnyam y Paapam depende de la intencionalidad y la conciencia. Aunque la mayoría de las personas tiene un sentido inherente de lo correcto e incorrecto, las intenciones negativas pueden nublar el juicio, llevando a acciones inmorales continuas.

Diversos sistemas de creencias ofrecen pautas para vivir, pero lo que realmente importa es actuar de acuerdo con tus convicciones, ya que tus intenciones moldean los Efectos Invisibles de tus actos.

Actos Invisibles y el Renacimiento

A lo largo de tu vida, acumulas Buenos Actos (Punnyams) y Malos Actos (Paapams). Estos Efectos Invisibles pueden no manifestarse de inmediato, pero con el tiempo, los Punnyams a menudo conducen a Felicidad Visible (Sukham) y los Paapams a Dolor Visible (Dukkham).

No hay una correlación directa entre tus acciones y sus manifestaciones físicas resultantes. Las influencias pueden combinarse de maneras impredecibles, y no todos los actos pueden realizarse en una sola vida. Cuando mueres, todos tus Actos Invisibles acumulados y deseos no cumplidos regresan a tu cuerpo sutil, lo que finalmente conduce al renacimiento.

Por lo tanto, cada nacimiento (Jenma) es una continuación de un ciclo sin fin impulsado por tus actos y deseos acumulados, perpetuando el ciclo de la Reencarnación (Punar-Jenmam) hasta que se resuelvan.

Entendiendo la Ley del Karma

La Ley del Karma explica las variadas experiencias de los seres vivos y las circunstancias de su nacimiento: por qué algunos nacen en la riqueza, mientras que otros enfrentan pobreza o adversidad. Aclara por qué los desastres y las enfermedades afectan a algunos y dejan a otros indemnes, así como por qué coexistimos con animales y plantas. Es importante destacar que muestra cómo cada individuo hereda su temperamento mental único basado en experiencias pasadas.

Esta comprensión es crucial para quienes buscan una visión más profunda de la existencia. La Ley del Karma revela que tu personalidad en esta vida es el resultado de tus acciones en vidas pasadas. Así, tú solo eres responsable de tu felicidad o infelicidad actual; ninguna fuerza externa dicta tus circunstancias presentes.

Todos los eventos afectan los Medios Reflectantes y son percibidos por la Conciencia Reflejada. Esto significa que, aunque te apoyas en la Conciencia Infinita, esta es solo un testigo de tus acciones. Aquellos que comprenden la Ley del Karma reconocen que cada persona es responsable de su situación.

Una vez que te das cuenta de que tu estado actual está moldeado por acciones pasadas, se sigue que tu futuro depende de tus acciones de hoy. Sin embargo, es esencial mantener la perspectiva. Transformar tu vida no sucederá de la noche a la mañana. Por ejemplo, repintar una habitación requiere varias capas para cambiar de rojo a verde.

De manera similar, cuando comiences a tomar acciones positivas, recuerda que tus experiencias pasadas influirán en tu progreso. A través de la práctica dedicada de Karma Yoga, Upaasana Yoga y Gnyaana Yoga, podrás superar gradualmente el legado de tu pasado.

Definición Técnica de la Ley del Karma

La Ley del Karma puede definirse de la siguiente manera: todos los Punnyams (buenos actos), Paapams (malos actos) y deseos no cumplidos de vidas pasadas (Jenmams) se conocen como Sanchitham. En cada nuevo nacimiento, un subconjunto de este Sanchitham emerge como Praa-Rabdham, que incluye los Punnyams, Paapams y deseos específicos que buscan cumplirse en tu vida actual.

Cuando naces, tu Sanchitham completo permanece en el Cuerpo Causal y no afecta directamente tu vida; solo nacen contigo tu Praa-Rabdham. Este subconjunto determina las condiciones de tu nacimiento: rico o pobre, humano, animal o planta.

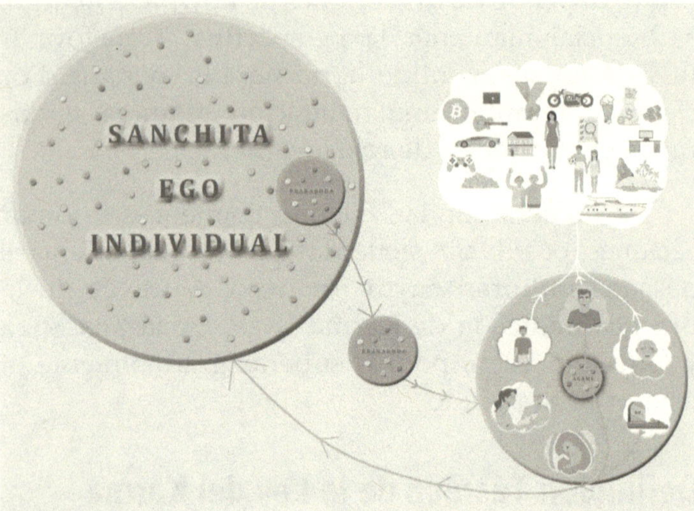

A medida que experimentas la vida, agotas tu Praa-Rabdham mientras acumulas nuevos Punnyams, Paapams y deseos, conocidos como Aagaamee. Al agotar completamente tu Praa-Rabdham, lo que ocurre con la muerte física, el Aagaamee restante se añade nuevamente a tu

Sanchitham, estableciendo un nuevo Praa-Rabdham para tu próxima vida.

Este ciclo de Sanchitham, Praa-Rabdham y Aagaamee impulsa la reencarnación, trayéndote a esta vida.

También es importante señalar que las formas de vida inferiores, como los animales y las plantas, nacen con Praa-Rabdham pero carecen de intelecto, lo que les impide realizar actos intencionales. Por lo tanto, no acumulan Aagaamee y simplemente vivirán hasta agotar su Praa-Rabdham antes de ser renacidos, con suerte, como humanos.

La Ley del Karma en Contexto

Revisemos el concepto de Vidhaeha Mukthi. Una comprensión más profunda de la Ley del Karma mejora tu comprensión de este principio.

Una vez que logras el estado meditativo conocido como Nidhi-Dhyaa-Sanam y te fundes con el Infinito, te conviertes en un Gnyaana-Nishtaa y alcanzas Jeevan Mukthi—salvación en esta vida. Esto te otorga el conocimiento supremo de la Conciencia Original e Infinita, conocida como Brahman o Dios.

Obtener conocimiento disipa la ignorancia. Por ejemplo, aprender física elimina la ignorancia sobre el tema, de la misma manera que entender la Conciencia Infinita elimina la ignorancia sobre ella.

A partir de esto, podemos derivar dos puntos clave. Primero, la identificación con los Medios Reflectantes y la Conciencia Reflejada proviene de la ignorancia de la Conciencia Infinita, lo que significa que entender lo Infinito lleva a la pérdida de identificación con estos reflejos. Segundo, dado que tu Sanchitham pertenece a tu individualidad—creada por los Medios Reflectantes y la Conciencia Reflejada—destruir esa identificación también disuelve tu Sanchitham.

Aunque los pensamientos no pueden ser destruidos, la combinación de los Medios Reflectantes y la Conciencia Reflejada forma el Ego (Aham-Kaaram), que ancla el Sanchitham. Cuando un Jeevan Mukthaa se da cuenta de la Conciencia Infinita, el Ego se disuelve, permitiendo que el Sanchitham se funda con el Universo Causal, considerándose así "destruido."

El Jeevan Mukthaa ya no puede actuar con intenciones y no acumulará Aagaamee (karma futuro). Aún experimentará los frutos de las acciones pasadas (Praa-Rabdham), pero estas experiencias se vuelven insignificantes, ya que están arraigadas en los Medios Reflectantes y la Conciencia Reflejada.

Finalmente, una vez que agoten su Praa-Rabdham, el Jeevan Mukthaa morirá y no será renacido en un cuerpo físico (Daeham). En cambio, logrará Vidhaeha Mukthi, liberándolos del ciclo del renacimiento para siempre.

Y con ello, cierro mi exposición sobre este viaje sin fin.

Capítulo 15

¿Qué sigue?

Hemos llegado al final de nuestro viaje, cubriendo una amplia gama de temas: la lógica detrás de capturar el Infinito, las sutilezas de la composición humana y la Conciencia, la naturaleza cíclica del universo y las prácticas yóguicas que pueden ayudarte a liberarte del ciclo de nacimiento y renacimiento.

Ahora que has adquirido este conocimiento, te preguntarás cómo integrarlo en tu vida. Si entiendes incluso una parte de estas ideas, eres parte de los raros intelectos para quienes este libro fue destinado. Para aclarar tu camino por delante, aquí tienes tres pasos que puedes comenzar a dar de inmediato.

Los Tres Primeros Pasos

1. Realiza un autoanálisis para determinar tu temperamento mental (Guna), estableciendo

una base para entender cómo avanzar hacia un Saatvik Guna.

2. Prepara tu cuerpo para Yoga avanzado comenzando con Hatha Yoga básico y técnicas simples de respiración Pranayama.
3. Establece un objetivo desinteresado que beneficie a los demás. Enfocarte en este objetivo reforzará tu compromiso con el desarrollo personal y ayudará a reducir los deseos improductivos.

Estos pasos te prepararán para prácticas más avanzadas como Upasana Yoga y Gnyaana Yoga, lo que finalmente ayudará en la purificación de tu mente. Tu objetivo es cerrar la brecha entre tu conocimiento y quién eres, fomentando la resiliencia que conecta el conocimiento vedántico con la sabiduría.

Dos Obstáculos Comunes

A medida que persigues tu crecimiento espiritual, pueden surgir dos desafíos principales: las distracciones de tus cinco sentidos y tu mente. Debes estar preparado para reconocer estos obstáculos y mantener tu progreso espiritual.

Controlando tus Sentidos

Tus órganos sensoriales están constantemente bombardeados por estímulos externos, lo que puede desviar tu enfoque. Para contrarrestar esto, practica Indriya Nighraha, o el control de los sentidos.

Al igual que una tortuga que se retira en su caparazón al percibir peligro, debes condicionarte para proteger tu enfoque limitando la influencia de las distracciones. Sin embargo, esto no significa negarte a ti mismo/a las experiencias sensoriales. Disfrutar de estos placeres está bien, siempre y cuando no desvíen tu objetivo final.

Ten en cuenta que muchas figuras respetadas a lo largo de la historia han tropezado debido a la falta de control sobre sus sentidos. Usa tu intelecto para dominarlos y sigue avanzando en tu camino hacia el Infinito.

Controlando tu mente

Tu mente probablemente será el obstáculo más desafiante en tu búsqueda del Infinito. A diferencia de los estímulos externos, no puedes escapar de tu mente; siempre está contigo. Por esta razón, practicar 'Mano Nighra-ham', o el "control de la mente", es esencial.

Cuando los estímulos externos ingresan a tu mente, pueden hacer que te fijes en una persona, como un amigo o ser querido. Al principio, pueden surgir algunos pensamientos dispersos (Vishaya

Dhyaanam), y tu intelecto debe intervenir para manejarlos. Si no se controlan, estos pensamientos pueden convertirse en admiración y apego (Sangam), lo que hace cada vez más difícil mantener el control.

A medida que este apego se profundiza, tu mente puede desarrollar un fuerte deseo (Kaamam) por la persona, llevándote a creer que no puedes vivir sin ella. El deseo se cumplirá o no se cumplirá. El cumplimiento puede traer felicidad temporal; sin embargo, tu mente buscará rápidamente el siguiente deseo. Si no se cumple, puede llevarte a la ira (Krodham), retirando tu intelecto, y resultando en un estado de locura temporal o ilusión (Sam-Moham).

Permanecer en un estado así puede dañar tu personalidad y erosionar el conocimiento que has adquirido, llevando a 'Buddhi-Naasham', o "la destrucción total de tu intelecto." Una vez que esto ocurra, tu personalidad se deteriora (Pra-Nashyam), y te vuelves incapaz de perseguir los cuatro objetivos humanos (Purusha-Artham), perdiendo la oportunidad de reducir tu 'Sanchitham'.

Así, perder tu intelecto te descalifica para alcanzar el Infinito en esta vida. Esto subraya la importancia de mantener tu mente bajo control.

Cómo Mantenerse en el Camino hacia el Infinito

Llegar al final de este libro indica un progreso espiritual significativo. Después de incontables renacimientos, estás cerca de capturar el Infinito. No pierdas esta rara oportunidad de salvación ('Moksham') y de escapar del ciclo de la reencarnación.

Un intelecto fuerte es crucial para el avance espiritual. Así como entrenarías tu cuerpo para un deporte, debes nutrir tu intelecto a diario.

Para fortalecerlo, ejercita regularmente tu intelecto. Cuestiona todo y valida la información por ti mismo/a. Esta práctica garantiza que tu intelecto se mantenga agudo, guiándote a purificar tu mente y alinearla con tu intelecto—un requisito previo para alcanzar el Infinito.

Sigue buscando nueva información para mejorar tu comprensión del Vedanta. Este libro sirve como una introducción a las vastas Escrituras Vedánticas, y se recomienda que busques recursos adicionales.

Puedes optar por leer el libro "¿Quién encendió la mecha del Big Bang!", donde los conceptos tratados en este libro se abordan de manera más profunda y elaborada.

Muchos institutos Vedánticos en todo el mundo se centran en enseñar estas escrituras. Si estás interesado, la información sobre algunos de estos institutos está disponible por correo electrónico. Elige un instituto que se ajuste a tu ubicación, presupuesto, idioma y estilo de aprendizaje.

El autor puede ofrecer orientación sobre institutos adecuados y responder a cualquier pregunta que puedas tener, incluidas recomendaciones para cursos de Meditación guiada. Por favor, comunícate a través de: **life@vedantic.org**

Al llegar al final de este libro, recuerda que las ideas aquí compartidas provienen de las enseñanzas de diversos maestros Vedánticos. El autor ha reorganizado algunos conceptos para hacerlos más claros, pero la esencia sigue siendo la misma. Estás en el mismo camino hacia el Infinito.

Sobre el autor

Prabha es un reconocido metafísico, ingeniero y empresario. Ha dedicado más de 25 años al estudio e investigación de la causalidad, la creación, el infinito, la conciencia y el desarrollo personal. Ha observado que muchos físicos, pensadores, investigadores y lectores tienen dificultades para comprender los conceptos transcientíficos. A través de sus explicaciones contemporáneas y accesibles, Prabha simplifica estos misterios transcientíficos, haciéndolos comprensibles para lectores de todos los orígenes.

Al aplicar metodologías metafísicas simples en su negocio de ingeniería, Prabha ha logrado un éxito material significativo. Prabha está convencido de que cualquiera puede embarcarse en este viaje transformador y alcanzar logros extraordinarios. Vive en Dubái con su esposa, Rosh, quien apoya incondicionalmente todos sus esfuerzos.

www.ingramcontent.com/pod-product-compliance
Lightning Source LLC
LaVergne TN
LVHW100306051026
849517LV00006B/2209